金属とは

科学と文化の視点から

著者：田巻 繁

近代科学社 Digital

はじめに—金属の文学的な味わいと科学的特性

　人々の日常生活は、種々の金属・合金によって作成された製品——自動車、家庭用電化製品、台所器具（包丁、鍋、釜等々）の使用によって支えられています。公共諸団体の設置する鉄橋や鉄道輸送車両から掲示板や案内板の下地までは鉄板ですし、電力会社の送電線は亜鉛メッキの銅線です。また、電話線も銅線です。このように金属は我々にとって最も身近な物質であるにもかかわらず、その性質や特徴は見過ごされがちです。

　金属とはどういう意味なのかを三省堂刊『大辞林』で調べてみると、「**単体**のうち**金属光沢**をもち、熱や電気をよく導き、**展性**や**延性**に富む物質」と説明されています。さらに太字の熟語について調べてみると、以下のような文学的な味わいのある説明がなされています。

　　【単体】：元素の集合
　　【金属光沢】：磨いた金属の表面に表れる特有の**つや**
　　【つや】：なめらかな物の表面に表れる、**うるおい**のある美しい光
　　【うるおい】：適度な水気、湿りけ。落ちついて**しっとり**とした気分、味わい
　　【しっとり】：雰囲気が、静かで落ち着いているさま
　　【展性】：金属が打撃または圧延によって破壊を伴わずに薄い板や箔になる性質
　　【延性】：物体がその弾性限界を超えた力をうけても破壊されずに引き延ばされる性質

　それではなぜ、金属は熱や電気をよく導くのか？　金属光沢の本性の科学的理由は？　なぜ、展性や延性があるのか？　またどんな金属がどのように使用されているのであろうか？　鉄鋼材料は建築・機械などの資材として、高度の強さをなぜ、どのようにしてもてるのだろうか？　本書は、これらについての平易な説明を意図して書かれたものです。

　今から約20年前、私は放送大学新潟学習センターで、自然科学分野の集中講義の依頼を受けました。たまたま、私の専門分野が金属物理学でし

たので、金属の性質や用途に関して、用いられてきた物理学と化学の知識を易しくかつ楽しく、受講する学生に学んでほしいと考え、私の体験した知見を面白く紹介してみたい、と願望しました。

　こうして講義をもとに出来上がった原稿が本書の前身であり、聴講した学生および友人の大学教師に配布したところ、皆さんは面白がり、ぜひ出版すべきである、とのご意見でしたが、私自身の本来の研究や他の著作が忙しく、昨今まで放置したままでした。最近、ようやく時間が取れるようになった機会に原稿を読み返してみて、自分自身の体験した学問の面白さの一端を、広く多くの学生のみならず一般社会人の方々に知って頂きたい、と考えて、修正すべき箇所を手直しして出来上がったのが本書の第4章までです。第5章は第4章までと比べ専門的な内容ですが、ここでは筆者が長年取り組んできた液体金属の物性に関する知見を解説しています。

　読者の皆様には、ねじり鉢巻で勉強するのでなく、小説を読むような気持ちで気軽に読んでいただければ幸いです。

　本書の作成にあたっては、近代科学社の石井編集長の詳細でかつ丁寧な助言を得て、内容を的確そして分かりやすくすることができたと確信しております。心から感謝申し上げたいと思います。

2021年10月

田巻 繁

目次

はじめに—金属の文学的な味わいと科学的特性 3

第1章　人間と金属

1.1	人類の歴史と金属	10
	1.1.1　金属利用の歴史	10
	1.1.2　文明の発達における金属の役割	10
	1.1.3　美術品および貨幣としての金属	12
	1.1.4　金・銀の製造	14
1.2	鉄と鋼の利用の歴史	16
	1.2.1　鉄は国家なり	16
	1.2.2　西と東の国家の鉄	20
	1.2.3　鉄鋼業の進展	21
1.3	鉄の製錬	23
	1.3.1　鉄の製錬の歴史	23
	1.3.2　鋼の製法	24
	1.3.3　鋼の大量生産の歴史	26
	1.3.4　我が国の鉄製錬と製鋼技術	27
	1.3.5　ダマスク鋼の秘密	29
	1.3.6　金相学の誕生	30

第2章　金属の性質

2.1	金属の初歩的理論	32
	2.1.1　金属の形成プロセス	32
	2.1.2　凝集エネルギー	34
	2.1.3　自由電子	35
	2.1.4　金属の結晶構造	36
	2.1.5　金属の電気伝導	37
	2.1.6　金属の熱伝導とヴィーデマン–フランツ比	39
	2.1.7　金属の熱的性質	41
	2.1.8　金属の硬さ	42
2.2	相転移	42
	2.2.1　錫ペスト	42

    2.2.2　相転移とギブスの自由エネルギー 43

    2.2.3　本多光太郎博士の果たせなかった夢 46

    2.2.4　金属の展性・延性 46

2.3　酸化 48

    2.3.1　錆の形成 48

    2.3.2　地下水が鉄鉱石を作る 50

    2.3.3　デリーの鉄柱 51

    2.3.4　錆と中古自動車 52

    2.3.5　鉄の防食技術 53

    2.3.6　鉄の酸化の利用 54

2.4　金属の色 55

    2.4.1　色の学術的研究 55

    2.4.2　光の三原色 57

    2.4.3　金属の光沢 57

    2.4.4　色彩感覚 59

2.5　人体と金属 60

    2.5.1　人体に必要な金属 60

    2.5.2　重金属の毒性 61

第3章　さまざまな金属

3.1　アルミニウム 64

    3.1.1　アルミニウムの精製 64

    3.1.2　アルミニウム合金 65

    3.1.3　材料以外としてのアルミニウム利用 65

    3.1.4　アルミニウムによるエネルギー生成 66

3.2　貴金属 66

    3.2.1　銅の精練 66

    3.2.2　銀の精練、金の採取 67

    3.2.3　触媒や電導の接点としての貴金属 68

3.3　亜鉛、鉛、その他 69

    3.3.1　亜鉛 69

    3.3.2　鉛 70

    3.3.3　金属資源の可採年数と再利用 70

    3.3.4　使用済みプラスチックの製鉄への利用 71

3.4 合金 72
  3.4.1 合金とは何か？ 72
  3.4.2 金属の状態図 74
  3.4.3 鉄合金 75
  3.4.4 磁石 77
  3.4.5 ガリウムの不思議 78
3.5 世紀をつなぐ新しい金属・合金 79
  3.5.1 チタン材料 79
  3.5.2 鉄筋コンクリート 80
  3.5.3 形状記憶合金 80
  3.5.4 水素吸蔵合金 81
  3.5.5 水素脆性 82
  3.5.6 アモルファス 82
  3.5.7 傾斜機能金属・合金 83

第4章 金属とエネルギー

4.1 超伝導 86
  4.1.1 超伝導とは 86
  4.1.2 超伝導物質 MgB_2 合金 86
  4.1.3 超伝導の利用 87
4.2 原子力発電 87
  4.2.1 我が国の原子力発電の現状 87
  4.2.2 原子力エネルギーの発見 88
  4.2.3 高速増殖炉もんじゅの事故 89
  4.2.4 美浜原発の事故 90
4.3 水素とクリーンエネルギー 91
  4.3.1 水素エネルギー 91
  4.3.2 水素ガスの創生 91
  4.3.3 水素ガスの貯蔵 92
  4.3.4 水素-酸素燃料電池 93
  4.3.5 電力貯蔵法 94

第5章 液体金属・合金の物性的研究

5.1 はじめに 98

5.2　よく知られている液体金属の物性 99
　5.2.1　液体金属における構造研究 99
　5.2.2　液体金属におけるホール係数 101
　5.2.3　液体金属・合金の電気抵抗 102
　5.2.4　その他の液体金属の物性 103
5.3　興味深い液体金属・合金の物性 104
　5.3.1　液体金属における価電子の空間的分布 104
　5.3.2　液体合金における濃度ゆらぎ 109
　5.3.3　液体状態における相転移 111
　5.3.4　液体金属における金属−非金属転移 113
　5.3.5　逆モンテカルロシミュレーション 114
5.4　おわりに 116

索引 117

第1章

人間と金属

1.1　人類の歴史と金属

1.1.1　金属利用の歴史

　約 5000 万年前に人類が出現し、歴史が始まって以来、金属はどのように利用されてきたのであろうか。紀元前 8000〜600 年頃における人類の金属利用のおおまかな歴史は次の通りで、銅から始まり、鉄器の利用へと至った。

【BC 8000 年頃】
　　石器時代
【BC 5000 年頃】
　　銅・青銅器時代のはしり（エジプトで銅製品）
【BC 3000 年頃】
　　古代エジプトで、金を含む母岩より採金。青銅器時代の本格的幕開け（メソポタミア (Mesopotamia) で冶金技術）、エーゲ文明が栄える。同じ頃、メソポタミアでは鉄を主成分にした隕石も利用され始めた。
【BC 1400 年頃】
　　トルコのアナトリア高原に居住していたヒッタイトが、鉄鋼石から炭を用いて鉄や銅を作り始めた、と言われている。もちろんその製法は国家機密であった。
【BC 600 年頃】
　　鉄器時代文明の幕開け

1.1.2　文明の発達における金属の役割

　人類の文明の発達の過程で、各種の金属や合金はどのような役割を果たしてきたのだろうか？　人類の文明とはひとことで言えば、人々の暮らしの歴史的過程であろう。前項の年表の背景を、もう少し詳しく見てみよう。

集落の誕生
　BC 8000 年頃、西アジアのザグロス山脈の麓で麦作農耕文化が始まり、

人々が共同作業に従事したことが知られている。このように、農耕牧畜文化で生活を維持するために、人々は集落を作って定着居住するようになった。

　BC 7500 年頃には、氷河が後退し始めたことにより北ヨーロッパ平原が森林化しつつあった。人類は森林内の生息し始めた赤鹿、猪や鳥類を捕獲して食糧とした。また海岸に近い人々は、これらのほかに魚類をも食糧として生活することができるようになった。これらの遺存体は、デンマークのマグレモーゼ遺跡として、狩猟に用いられた石器とともに残存している。

　BC 6500 年頃、トルコでは農耕牧畜で定着居住した生活維持のために、1000 戸程度の大規模村落が誕生した、という。

　銅器から青銅器をへて、BC 4500 年頃には、イラクのウバイド文化遺跡として知られている地域で、銅器を用いた灌漑農耕文化が発達した。銅器の使用は、メソポタミアのサマラ文化の影響があったのだと推測されている。ヨーロッパでは、その千年以上後の BC 3300 年頃に、ようやくアルプス山脈に近い地域で銅器の使用が確認されている。

　銅器文明はまもなく、より強靭な青銅器文明へと移行し、くわ鍬やすき鋤に用いられる農耕具だけでなく強力な武器として使用されるようになった。武器の発達は、同時に同一民族集団から強力な国家形成へと発展した。

青銅器から鉄器へ

　やがて強力で高度な文明維持のため、時代は青銅器から鉄器へと移行していった。BC 1190 年頃、製鉄技術をもっていたヒッタイト民族国家が海岸周辺に居住する民族の襲撃を受けて滅亡し、同時に秘密であった製鉄技術が周辺の地域国家に知られた。同じ頃、製鉄技術をもっていたドーリア人が北からギリシャに侵入した。

　製鉄技術は、その後北アフリカやヨーロッパに拡がり始めた。BC 500 年頃には、当時から岩塩鉱山をもつオーストリアのハルシュタットでも、青銅器から鉄器への移行があったという。

　このように、西洋および中近東において鉄器時代が幕開けをした。鉄器

は生活用機器（揚水機、滑車、水車、ハンマー、風車、農産物粉砕機器、馬具等）および戦闘用各種武器として必需品となった。

中国における青銅器

　一方中国では、ヨーロッパや中近東諸国が鉄器を使用するようになった頃にも、青銅器時代の様相を維持していたようである。現存する中国最古の工業技術書である『周礼』考工記に、銅と錫の合金の性質と用途の記述がある。それによると、用途に応じた錫の割合は、表 1.1 の通りである。

表 1.1　古代中国における銅・錫合金の用途と錫の割合

用途	錫の割合
鐘	14.29%
斧（おの）	16.67%
鉾（ほこ）	20%
大刃（だいじん）	25%
削殺矢（さくさつのや）	28.57%
水甕（みずかめ）、鏡	50%

1.1.3　美術品および貨幣としての金属

　金、銀、銅は古くから美術品ならびに貨幣として利用されてきた。以下にその歴史と代表的な事例を示す。

【BC 3500 年頃】
　　メソポタミア、銅工芸（鉱石はイランから輸入）
【BC 3000 年頃】
　　メソポタミア、青銅工芸品／エジプトで採金、装飾品
【BC 2500 年頃】
　　メソポタミア、銀の重量を単位にして支払いをしたという記録
【BC 2300 年頃】

イラク、アッカド (Accad) 王朝のサルゴン (Sargon II) のブロンズ製頭部（写実美術）

【BC 2000 年頃】

ギリシャ本土のミケーネ (Michene) 文明、シュリーマン (H. Schliemann) 発見の黄金製マスク（アガメムノンのマスク）（図 1.1）

【BC 1500 年頃】

エジプトでようやく金と銀の合金が使用され始められた。

【BC 730 年頃】

エジプト、第 25 王朝ピアンキ (Piankhi) 王の王妃の墓から、金と銀の合金からなるライオンと羊の合体像（高さ 9 cm）

【BC 700 年頃】

トルコのリディア (Lidia) 王国、金と銀の合金からなる世界で初めてのコイン

【BC 540 年】

ギリシャのアテネ (Atene)、銀貨

【BC 350 年頃】

エジプト、ファラオの像入り金貨

図 1.1　アガメムノンのマスク

　現在のイラク国内にある、文明発祥地の一つとして知られているメソポタミア文明は、チグリス川およびユーフラテス川に囲まれたバグダッド (Baghdad) やその近郊の都市に発達したことが、多くの遺跡から知られている。そして、残存している銅ならびに青銅工芸品、貨幣として使用された銀は国内で産出されたが、金はエジプトから、また銅は隣国のイランから輸入していた。工芸化の技術は当時としてはすぐれていたようである。

　古代エジプトの時代、南部地域（アスワンよりスーダン北部にかけての地域）には、金、銅および鉄鉱山があり、これら金属の装飾品がピラミッドを中心に、多くの遺跡から発掘されていることは、よく知られたことである。

　一方、エーゲ海の北端にあるギリシャのタソス (Thasos) 島では金鉱山や大理石が産出し、エーゲ文明を支えたようである。その文明の一端が、ミケーネ文明であった。

　また、トルコは古くから有名な金鉱山が知られている。そのような結果、金と銀の合金による貨幣が世界で初めて作製されたことは自然の成り行きであろう。2020 年にはトルコ南西部で大規模な金鉱床が発見され、世界中の注目を浴びた。

1.1.4　金・銀の製造

　BC 27 年、アウグストゥス (Augustus) がローマ帝国の初代皇帝となった。それ以降の 1 世紀および 2 世紀にわたって、古代ローマ帝国は近隣のヨーロッパはもちろん、地中海沿岸諸国や中近東に至るまでの広大な地域を支配していた（図 1.2）。

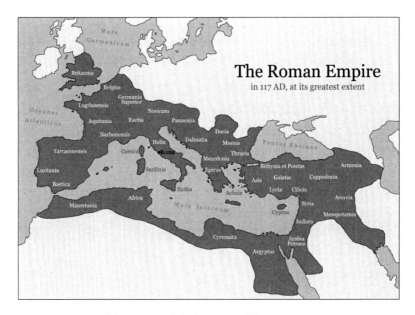

図 1.2　　117 年当時のローマ帝国の最大版図

　古代ローマ帝国では、イベリア半島、ライン川沿いで多数の鉱石を得て
冶金を行った。当時の知られていた鉱物としては、鉄では磁鉄鉱、赤鉄
鉱、銅では黄銅鉱、くじゃく孔雀せき石、そのほかせん閃亜鉛鉱、方鉛
鉱、錫石、しんしゃ辰砂、し雌おう黄、ゆう雄おう黄、輝アンチモン鉱石
等がある。これらを冶金することにより、純金属を製造していた。金・銀
の分離にあたっては、当時は硝酸がない時代であったが、食塩あるいは硫
黄と高温加熱し、銀を塩化物あるいは硫化物に変化させて純金を製造して
いた。
　我が国では、『日本書紀』に、対馬の国主より天武天皇に銀を献上との
記録がある。また、『続日本紀』には、聖武天皇の御代に陸奥国小田郡よ
り黄金が見出され、東大寺大仏建立に用いられたとの記録がある。これ
は、後世の奥州藤原家の黄金の源にあたる。

15

1.2　鉄と鋼の利用の歴史

1.2.1　鉄は国家なり

　「鉄は国家なり」という有名な格言がある。これは、1862 年に、ド
イツ・プロイセン王国の首相オットー・フォン・ビスマルク (Otto von
Bismarck) が「現下の大問題は言論や多数決によってではなく、血と鉄
(Brut und Eisen) によってのみ解決される。」と述べた演説に由来する、
と言われている。ここでは、国家の隆盛が鉄や鋼の利用と密接な関係を
もっていたことを述べたい。

　BC 2600 年から BC 500 年前後までの期間において、国家の隆盛や衰
退は、国内で工夫された鉄器具と深い関係をもっていた。例えば、古代エ
ジプトの権威の象徴でもあるピラミッド建立には鉄器が使用された、卓越
した鉄鋼の冶金技術を開発したトルコのヒッタイト古代王国は、近隣諸国
を鉄器武力で圧倒することができた、また岩塩産出で人々が富裕であった
オーストリアのハルシュタットには、鉄器文化の導入でさらなる繁栄がも
たらされた、等々である。

エジプト

　BC 2600 年頃、エジプトのピラミッド築造にあたり、花崗岩の細工
に鉄器が使用された。1920 年、ベルギーの化学者、ドラクル (Maurice
Delacre) の著作『化学の歴史』の中に、ピラミッドの中に鉄片遺品の発
見についての記述があり、鉄器の製造がこの時代にあったことを示唆して
いる。ただし、ピラミッド築造以降のある時期に誰かがその鉄器を挿入し
た可能性も否定できない。

ヒッタイト王国

　BC 3000 年頃に、現在の中央アジア、ウズベキスタンやイラン周辺に
居住していたと思われるアーリア (Arian) 民族が、地球気温の下降によっ
て、より温暖気候のトルコへ民族的移住をなし、ヒッタイト (Hittites) 人
となった。彼らは BC 2000 年頃、先住民族ハッティ (Hatti) と共住する
ようになり、ハッティ人より継承した鉄の冶金術、鉄器製造の技術を身に

付けた。そして強力な二輪戦車（馬が牽引する）で近隣諸国を次第に圧倒していった。こうして BC 1680 年に、トルコのヒッタイト古代王国が成立したのである。BC 1595 年には、隆盛極めるヒッタイト王国は、隣国のイラクのバビロン (Babylon) 第一王朝を滅ぼした。　BC 1400 年頃、ヒッタイト王国では、浸炭法で純鉄に炭素を混入させて鋼の製造に成功した。こうして作成される鋼を使用して、二輪戦車の強化および頑丈な槍や刀剣の制作が可能になり、軍事力が格段に増強された。いわば、軍事力の革命であった。こうして中近東では、BC 1360 年頃、最強国家のヒッタイト王国が成立した（図 1.3）。もちろん、鋼製法は最高の国家機密であった。

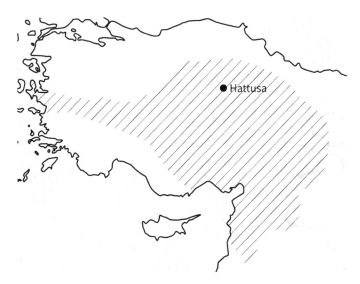

図 1.3　ヒッタイト王国の最盛期の領土（斜線部分）

BC 1200 年頃から、エジプトやキプロス島に居住し「海の民」と呼ばれた海賊たちが、ヒッタイト王国の軍事力発動が発揮しづらい海岸で食糧などを略奪し、民を脅かし始めていた。これに連鎖するかのように、国内の食糧事情の悪化や王族間の内紛により、ヒッタイト王国は衰退した。同

時に、国家機密の鉄や鋼の製法が国外に漏れ始めた。今日では歴史的に、これを「紀元前 1200 年のカタストロフィ」と名付けている。そしてついに、BC 1075 年にヒッタイト王国は滅亡した（図 1.4）。それに伴い、製鉄や製鋼技術が国外に流出し、これが地中海地域やオリエントでの鉄器製造のエポックメーキングとなり、鉄器時代の幕開けとなったのである。

図 1.4　ヒッタイト王国の首都ハットゥシャの遺跡

ギリシャ、インド

　ヒッタイトの滅亡に先駆けて、BC 1150 年にユーゴ近辺のドーリス人 (Dorisian) がギリシャへ侵入した。ドーリス人たちはギリシャで鉄製の武器と道具を使用していた。また、BC 1000 年頃に、中近東の広い地域に居住していたアーリア人の一部は、さらにパキスタンを経て、西インドから東インドへ移住した。彼らは鉄器でできたノコギリを使用して森林開拓していた。

　BC 1000 年頃のこととして、旧約聖書のダビデ (Davide) の時代に以下のような記述がある。

　　「やりの穂の鉄」（『サムエル記』上、17 章 7 節）
　　「鉄ややりの柄をもって武装する」（『サムエル記』下、23 章 7 節）

　また、ギリシャにおける BC 750 年頃のこととして、ホメロス (Homer)
『オデュッセイヤ』に以下のような記述がある（物語の時代は BC 1200
年頃）。

　「斧を赤熱に鍛え冷水に漬くるは鉄を強く且つ硬くするの道」。

ハルシュタット

人々の生活に必要な水と塩分（岩塩）が充分に供給できたオーストリアの
ハルシュタット (Hallstadt) では、早くから文明が開け、BC 550 年頃か
ら青銅器に代わって鉄器が製造され始めた。ハルシュタットの初期鉄器文
化である。BC 480 年には、後期鉄器文化が最盛期となった 。

　ハルシュタットは、オーストリアの山の中で今では「ザルツカンマー
グート (Salzkammergut) の真珠」といわれる湖のほとりにある（図
1.5）。紀元前には交通の便が悪かったに違いないが、それにもかかわら
ず、鉄器文化が早期に繁栄したことは興味深い。その理由として考えられ
るのは、ハルシュタットには非常に良質の岩塩坑があり、人間の生存の最
大必要条件である、塩と水の十分な供給ができたからであろう。

図 1.5　ハルシュタットの教会と町並み

この町は岩塩の交易で栄えた「塩の要塞都市」として成り立ちから、世界遺産にも登録されている。町のはずれから垂直に近いケーブルカーで山頂に登った後、おもちゃのようなトロッコ電車に乗り、岩塩坑内をツアーするのは楽しい。坑内を 1 時間くらい散策した思い出が今でも甦る。

ちなみに、ハルシュタットの近くにあるリゾート、セントウォルフガング湖のほとりにあるセントウォルフガング (St. Wolfgang) から登山電車で山頂に至ると、映画『サウンド・オブ・ミュージック』でジュリー・アンドリュース (Julie Andrews) が歌った場所を見ることができる。

1.2.2　西と東の国家の鉄

鉄器が国家の繁栄をもたらした例として、ローマ帝国とインドのマガダ王国の場合を述べよう。

ローマ帝国

ローマ人は、ライン川とピレニー山脈との間（大体、現在のフランス）の、先住ケルト民族が住んでいた地方をガリアと呼んだ。聖書に「カエサルのものはカエサルに」とあるジュリアス・シーザー (Julius Caesar, BC 100〜44) の『ガリア戦記』には、当時のローマ人にとっては蛮族であるスイスのヘルウェテイー (Helvetia) 人、ガリー (Garie) 人、ゲルマン (German) 人、ベルガエ (Belugae) 人との戦闘でたびたび窮地に陥ったとある。なぜなら、ガリアやゲルマニアでは既に製鉄の技術が獲得され、鉄器で十分な武装をしていたからである。

また、シーザーはイングランド征服にも失敗したが、これもブリトン人 (British) の優秀な製鉄技術に負かされたといってよい。なお、British は「ブリトン島にいたケルト人」を意味し、後にウェールズ (Wales)、アイルランド (Ireland)、スコットランド (Scotland) などに逃れた。これら地方の製鉄技術の文明は伝統として受け継がれ、後にフランス、ベルギー、オランダ、英国が、製鉄を軸とした先進工業国へと発展する下地となった。

BC 27 年にローマ帝国初代皇帝となったアウグストゥスの時代以降のローマ帝国には、オーストリア、アルプス産出の鉄によって繁栄がもたらされた。

マガダ王国

東に目を向けると、BC 400 年頃に、ベンガル (Bengal) の西、デカン高原の東北部のマガダ (Magada) 王国では、酸化鉄鉱石を丘陵から剥ぎ取り、木炭による固体還元精練から白熱した鉄を作成し、武器や農機具の材料としていた。これは、ほぼお釈迦様 (Buddha) の時代のことである。そんなことは、お釈迦様でも知らないかもしれない。

この鉄の高級品は、おそらくフェニキア人によりシリアのダマスカス (Damascus) に運ばれ、インドのウーツ鋼 (Wootz steel) として珍重された鋼になった。これが、ダマスク鋼 (Damascus steel) の始まりとも言われている。ちなみに、ウーツとはサンスクリット語で「無類の硬さ」を意味する。

広い意味でのウーツ鋼の作り方は、るつぼの中に酸化鉄と木炭を入れて密封し、外から強く加熱還元させて溶けた鋼を得る、というものである。

1.2.3 鉄鋼業の進展

近世ヨーロッパの文明社会の繁栄の基礎となったと考えられる要因の一つに、鉄鋼業の進展があったことは疑いようのない事実である。各地の鉄鉱石（主として赤鉄鉱 (Fe_2O_3) および磁鉄鉱 (Fe_3O_4)）から鉄を取り出す初期の方法は、鉱石と木炭もしくは石炭を加熱できるような炉の中に入れて 800 ℃程度に加熱すると粗鉄が得られる、というものである。炉の内部の加熱には、古代から送風装置が使用されていた。これが送風手段の技術開発へとつながった。

一方、中世ヨーロッパ各地では鉄鉱山、銀鉱山、銅鉱山、その他、錫、鉛、水銀等の鉱山が数多く発見され、それらの工業化によって各国王家の財政にも豊かさをもたらした。

初期の鉄製錬では鉄鉱石の溶解は行わなかったが、近世になってからは、石炭を使用することにより鉄鉱石を溶解できるようになった。まず、石炭を蒸し焼きにして純度の高い炭素であるコークスを作成する。コークスを不完全燃焼させて一酸化炭素ガスを作り、赤鉄鉱 (Fe_2O_3) もしくは磁鉄鉱 (Fe_3O_4) と反応させると、それが熱源となって鉄鉱石が溶解する。さらに、これに石灰岩を加えて、スラグと呼ばれる不純物を除去す

ると、比較的純度の高い鉄や鋼が作製できる。このための設備を溶鉱炉もしくは高炉と呼ぶ（図1.6）。

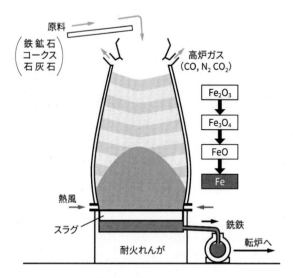

図 1.6　高炉の仕組み

コークス使用の始まりは 1713 年で、その後 19 世紀に現代の製鉄技術の源になるいくつかの製鋼法が発明された。詳しい技術内容については後述する。これら技術の進展を以下にまとめた。

【14 世紀頃】
　　ヨーロッパ、水力でふいごの送風の手段開発。これにより、炉の温度を著しく高めることができた。
【15〜16 世紀】
　　ヨーロッパの鉱山作業の大規模工業化と種々の発明。
【1618 年】
　　木炭の代わりに石炭を溶鉱炉に使用。
【1713 年】
　　石炭をコークス（石炭を蒸し焼きにして、硫黄分とタール質を除去）

にして、使用することが開始される。

【1775 年】

蒸気機関をふいごの送風に応用。

【1740 年】

るつぼ製鋼法の発明。

【1783 年】

撹錬法の発明。

【1828 年】

熱風炉の発明。

【1856 年】

ベッセマー (Bessemer) 製鋼法の発明。

【1864 年】

シーメンス−マルタン (Siemens － Martin) 製鋼法の発明。

【1878 年】

トーマス (Thomas) 製鋼法の発明。

1.3 鉄の製錬

1.3.1 鉄の製錬の歴史

　鉄鉱石から鉄を取り出すことを、鉄の製錬という。この歴史は極めて古く、また幾世紀もの歳月を要したと思われる。焼き入れや製鋼などの技術は、3000 年前のギリシャ文明時代にすでに一般化していたらしい。

　人々が鉄を最初に発見したのは、おそらく赤みがかった岩石の近くで発生した大火の灰の中であろうと思われる。鉄を意図的に作りだす原始的な方法は、風向きに開かれた囲いの中で火を焚き、下方から空気を送り込む仕組みの穴を用いて、鉄鉱石を還元するというものである。鉄鉱石と木炭を混ぜたものを数時間加熱すると、鉄鉱石中の鉄分が灼熱した海綿状の物質となる。これが冷えた後、鉄の塊を取り出し、ハンマーで叩いてできるだけ鉱滓を除去することにより、錬鉄が得られる。ヨーロッパでは、火力増強のために空気を送り込む動力として水車が用いられた。これが大規模

化したものは、14 世紀初頭から見ることができる。

　中世から 1805 年のトラファルガー海戦に至るまで鉄の生産が急増して
いったが、これらの海戦における大砲などの武器の近代化は、木炭高炉に
よる鉄の製錬技術の開発と進歩に支えられたものであった。この木炭高炉
の鋳鉄の需要のため、英国では特に海岸部の森林が伐採され、環境破壊が
進んでいった。英国政府はこれを防止するために、たとえば、1581 年に
ロンドンやサセックス海岸周辺における製鉄所および木炭製造の禁止令を
発令した。英国では幸いなことに良質の石炭を豊富に産出していたので、
これを高炉に使用する試みがなされたが、やがて 1790 年頃には「蒸気機
関の発明」と相まって、木炭高炉から石炭高炉による製鉄へと移行して
いった。この変化が英国の美しい森林を再生させると同時に、英国海軍
を、七つの海を制覇する多数の鋳鉄砲（後には鋼鉄砲）を備えた艦隊へと
成長させていったのである。

1.3.2　鋼の製法

　上述のように、鉄の塊までは容易に製造できる。この「鉄」を錬鉄と称
するが、そのままでは脆く、農耕機器にしても刀剣などの武器にしても、
強度が十分ではない。

　純粋な鉄は、金と同様に空気中では酸化しないが、軟らかすぎるのであ
る。温度を上げて行くと、まず 768 ℃で強磁性としての性質を失い、さ
らに 910 ℃で体心立方格子から面心立方格子に相転移（あるいは相変態、
2.2 節で説明する）する。そして、1401 ℃で再び体心立方格子に転移し、
最後に 1539 ℃で融解する（図 1.7）。

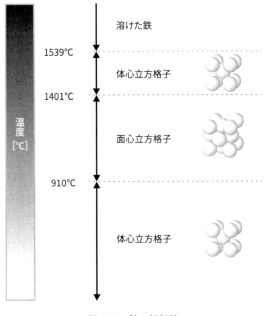

図 1.7 鉄の相転移

　この軟らかすぎる鉄の性質を改良するために、炭素が加えられ、合金としての鋼が作られる。棒状の錬鉄を木炭とともに数日間加熱すると、鉄は十分に炭素を吸収し、鋭利な刃物等に必要な硬さと強さをもった鋼となる。温度が 800 ℃を超えると、炭素拡散が容易になり、炭素含有量が 1 ％程度に達する。炭素量が 0.05〜0.3 ％までのものを普通鋼という。この普通鋼は常温でも曲がり、プレスもできる。炭素量が 0.7〜1.3 ％のものは工具鋼と呼ばれ、焼き入れが効いて硬くなる。焼き入れでは急冷却を行うため、高温における構造が残存する。

　ところで、加熱した高温炉内の下部では温度が 1200 ℃程度になり、還元された鉄が溶けるので、炭素量は一挙に 4 ％程度まで上がってしまう。これは固くてもろい銑鉄と呼ばれるもので、それなりの用途はあるものの、鍛造はできない。そこで、これを炭素含有量の少ない軟鋼にする手段が必要になってくる。例えば、木炭高炉から取り出した銑鉄塊を小型の木

炭炉で強く送風加熱すると（銑鉄を酸化させることになる）、鍛造可能な鍛鉄ができる。しかし、大量生産ができないことが欠点であった。

1.3.3　鋼の大量生産の歴史

　反射炉の 2 つの煙突の左側の火床で石炭を焚くと、右側の銑鉄をおいた熔解室に強い火焔が移り、天井に沿って火焔が流れ、その反射熱によって銑鉄の溶解が起こる。熔解した鉄中の炭素は、火焔の運ぶ酸素と反応することにより酸化し、鉄から除去される。また鉄から酸素が除去されるにつれ鉄の融点が上昇し、炭素の拡散が遅くなるため、炭素が抜けにくくなる。そのため、これをこねて反応を促進させる。この方法をパドル法といい、1784 年にヘンリー・コート (Henry Cort) によって発明された（図1.8）。これにより、鍛鉄の大量生産が可能になったのである。

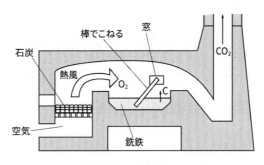

図 1.8　パドル法

　1856 年には、英国人のヘンリー・ベッセマー (Henry Bessemer) により、耐火煉瓦で内張りした巨大な鉄の容器の中に銑鉄を入れ、容器の底部から高圧の空気を吹き込んで熔鉄中の炭素を燃やし鋼を取り出すという、大規模製錬の方法が発明された。この巨大な容器は傾動するようになっているため転炉と呼ばれている（図 1.9）。これは炉を回転させて溶けた鍛鉄を取り出すことからきた日本語であり、英語ではこれをコンバーター (converter) と呼んでいる。

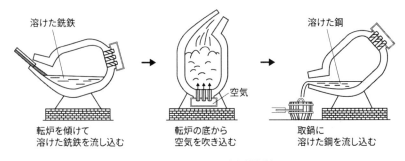

溶けた銑鉄

転炉を傾けて
溶けた銑鉄を流し込む

空気

転炉の底から
空気を吹き込む

溶けた鋼

取鍋に
溶けた鋼を流し込む

図 1.9　転炉による大規模製錬

　これと同時期に、ドイツのシーメンス三兄弟とフランスのマルタンにより、平炉が発明された。これはいわば効率の良い反射炉である。反射炉の石炭焚きをガス燃焼方式に変えると火力が増加するので、コークスを用いる。

　また 1878 年に、英国人トーマス (S. G. Thomas) によって、トーマス製鋼法が考案された。これは、CaO を平炉内に投入して $CaO\text{-}SiO_2\text{-}FeO$ のスラグを形成させ、その中にリンを吸収させて純度の高い熔鋼を得る方法である。

　第二次世界大戦後には、熔鉄に上から純酸素を吹き込む転炉法が開発された。これは、鉄鉱石から直接鋼が得られる画期的方法となった。オーストリア北西部にあるリンツ市のドナウィッツ社 (Linz, Donawitz Ltd) により大量生産化されたことから、今日ではこの方法は LD 法と呼ばれている。

　1960 年代には、酸素を底部から吹き込む底吹き転炉法（OBM 法）が開発された。その後改良が進み、1970 年代から 1980 年代においては、上底双方からの酸素吹き込み法が製鋼法の主流となった。

1.3.4　我が国の鉄製錬と製鋼技術

　我が国では、BC 300〜300 年の弥生時代に鉄の農機具が出現した。はじめは輸入した鉄を加工するだけであったが、やがて、朝鮮半島から文明が入った出雲地方で、たたら吹き（玉鋼製造）という方法による鉄の製錬

が行われるようになった。

　原料は砂鉄（科学的にはマグネタイト）で、これと木炭を層状に積み、側面低部から絶え間なくふいごの風を送り（たたら踏み）（図 1.10）、木炭の燃焼による CO ガスによって、大体 700 ℃前後で砂鉄の固体還元を行うものである ($Fe_3O_4+CO \rightarrow Fe+CO_2$)。このようにして出来上がる海綿状のものがたまはがね玉鋼で、実際には木炭の炭素も微量ながら直接侵入したものであった。出雲地方とは別に関東、東北、北陸にも、中国東北部あるいはシベリアから渡来したと思われる鉄製錬技術が、同様の製鉄遺跡として残っている。

図 1.10　たたら踏み（『日本山海名物図会』第 1 巻より）

　製鋼技術については、我が国は資源の乏しい国であり、鉄鉱石もまたほとんど輸入に頼っている。しかし、戦後の昭和 20 年代後半から製鋼技術が急速に進展し、世界に冠たるものとなった。条鋼と鋼管技術については

ドイツが多少追随してはいるものの、過去50年間、我が国の薄鋼、厚鋼、条鋼、鋼管技術ならびに圧延理論は常に世界をリードしている。

その成果として、多くの製錬した鉄鋼や特殊鋼を輸出していることも、また周知の事実である。鋼の基本は鉄に少量の炭素を混入させることであるが、硬度や強靭性を増加させるためには目的に応じて、マンガンとか、珪素を加えた特殊鋼やニッケルとクロムを加えたステンレス鋼等々、数多く存在する。

1995年にNHKで放映されたドラマ『大地の子』では、日本から中国への鉄鋼製錬プラントの輸出が一つの山場であった。近年、米国との間に競争的な摩擦も生じているが、今後も日本経済の原動力の一つであることは間違いない。

1.3.5 ダマスク鋼の秘密

数十年前に、獅子王リチャードにまつわる映画を観たことがある。その中で、リチャードとサラセンの王サラディンとの講和の場面で、お互いに自分の力を見せ合う場面があった。リチャードが自分の剛剣で別の刀を叩き折るシーンの後、サラディンが絹のネッカチーフを投げ上げ、その下に細身の刀剣を差し伸べると、絹が自然の重みで真っ二つになる。さて、どちらの剣が強いと言えるのであろうか？

その答えは、ダマスク鋼 (Damascus steel) で作られた、サラディンの鋭く研ぎ澄まされた剣である。映画の制作陣がこれを承知していたかどうかは定かではないが、鉄の鎧を切っても刃こぼれもせず、柳の枝のようにしなやかで、曲げても折れず、手を放せば空気を切る軽い音と共に真っ直ぐになる。これが真のダマスク鋼である。

1.2節で述べたように、鋼は紀元前のヒッタイト王国の時代に誕生したが、その後、700年頃にはインド（ウーツ鋼）、ペルシャ、シリア、エジプトでも作られていたという記録がある。中世では、特にシリアの首都ダマスカスで盛んに作られていたので、今ではダマスク鋼と呼ばれている。

18世紀後半に産業革命が起こり、大規模な機械生産が始まるとともに、良質で安価な金属が大量に必要になってきた。そのため、金属の性質を根本的に研究することが急務となり、ダマスク鋼の本質の研究が求められる

ようになった。そこで、ロシアの冶金学者アノーソフ (P. P. Anosov) が
初めて金属の組織を研究するために顕微鏡を用い、ダマスク鋼の内部組織
を明らかにした。その結果、繊維状の組織で構成されるときに良質な鋼製
品が得られるということが分かった。

1.3.6　金相学の誕生

　同じ成分の鋼から、性能の異なる大砲ができる。あるものは長持ちし、
あるものは最初の射撃で壊れてしまうことがあるのはなぜなのか？ 19 世
紀後半に、ロシアのチェルノフ (Cherunov) がその理由を明らかにした。
長持ちする鋼の組織は微粒化状態であるのに対し、最初の射撃で壊れてし
まう鋼は粗粒状態であったのである。

　では、化学組成が同じ金属であるのに、なぜ顕微鏡的な組織が異なるの
だろうか。組織に変化が起こるのは砲身の加工中だけであることは明白で
ある。したがって、どのような金属処理法を見つけ出したらよいかという
問題に帰着する。そのためには、この鋼が温度変化（徐々に、もしくは急
速にという速度を含めて）に対してどのような性質を示すかを明らかにす
る必要があった。これがいわゆる金相学の始まりである。

　こうして、ダマスク鋼の優秀な性質が、チェルノフによって初めて科学
的に説明された。ダマスク鋼が溶融状態から凝固し始めたとき、まず炭素
濃度の低い高融点の鋼が樹枝状結晶となる。次に炭素濃度の高い低融点の
小結晶が樹枝状結晶の隙間を埋める。つまり、ねばりがある結晶の前者と
比較的硬い結晶の後者とが複雑に絡み合うのである。ダマスク鋼の鍛練の
際には、この樹枝状の結晶を壊さないようにただこねる（鍛造する）こと
で、その分布を均一化しなくてはならない。今日では球状の高炭素濃度の
結晶が分散した品質の高い鋼が作られ、使用されている。

　チェルノフの結論は、金属熱処理の全工程は、おもに金属の結晶構造に
よって決定されるということであった。したがって、金属と合金（鋼も鉄
と炭素の合金である）の強さの秘密に迫るためには、結晶の構造について
知る必要がある。次章で詳しく述べる。

第2章

金属の性質

2.1　金属の初歩的理論

2.1.1　金属の形成プロセス

　原子は、よく知られているように、中心にプラスの電荷をもつ原子核の
まわりを、同じ電荷の数の電子が回っている。例えば、1 個の Na 原子が
あるとしよう。原子物理学によれば、Na 原子の一番外側には離れやすい
1 個の電子が存在している。2 個の Na 原子がある場合は、別々にいるよ
りも、飛びまわる電子 2 個と残りの 2 個の Na イオンとの引力によって図
2.1 のようになるほうが、エネルギー的により安定である。つまり、2 つ
のイオンが 2 個の電子を共有する。

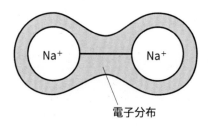

電子分布

図 2.1　電子の共有

　同様にして 4 個の Na が接近すると、図 2.2 のような正四面体の頂点に
Na イオンを配置し、その周辺を共有する電子が飛びまわることになる。

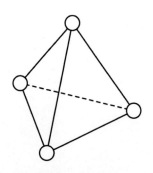

図 2.2　正四面体

このような原子の集合の数をどんどん増やしていけば、3次元的なNa原子の集合体が形成される。このとき、飛びまわる電子の群れと相互作用をしつつあるNaイオンとは、最も安定なエネルギー状態になるような構造を自分たちで探し当てる。金属Naは、こうして図2.3のような体心立方構造の結晶を形成する。このプロセスで飛びまわる電子の存在空間のことを、軌道という。

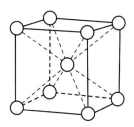

図2.3　体心立方格子

　原子の3次元集合体の最小単位は、頂点に原子を配置した正四面体である。これを繰り返した構造はダイアモンド構造と呼ばれ、GeやSiなどの半導体の結晶構造である（図2.4）。このように配置された原子には、まわりにちょうど4個の原子が配置されており、隣り合う原子の間にそれぞれ1個の電子を出し合って共有結合状態を形成している。

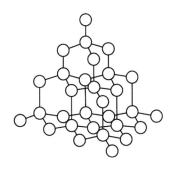

図2.4　ダイアモンド構造

　原子の外殻電子数が 4 個以下の結晶の多くは、金属になる。ただし H、He およびホウ素は例外である。例外となる理由はそれぞれ異なっているが、ここでは省略する。外殻電子数が 5 個以上の場合にも金属結晶は存在するが、いわば金属としてはできの悪い金属である。

2.1.2　凝集エネルギー

　図 2.5 に、1 原子のエネルギー状態を基準にしたとき、2 原子の集合体と結晶とでどのくらい結合エネルギーの差があるかを示す。Na$_2$ での結合エネルギーが 17.6 kcal/mol であるのに対し、Na 結晶では 26.2 kcal/mol となる。この金属結晶の結合のエネルギーを、凝集エネルギー E$_{coh}$ という。

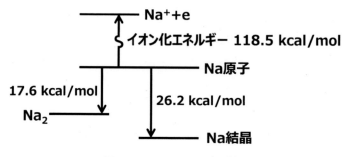

図 2.5　Na のエネルギー状態

　金属の凝集エネルギーは、図 2.5 から分かるように、① 原子をイオン化するために外から加えるエネルギー（イオン化エネルギー I）、② 結晶を形成している飛び回る電子とイオンとの相互作用による放出エネルギー、③ 飛び回る電子の運動エネルギー、の 3 つによって与えられる。2、3 の例外を除けば、金属の凝集エネルギーはそれぞれの沸騰点の大小に比例する。

　金属の凝集エネルギーについての詳しい議論は固体物理学の参考書に書かれていて、

$$E_{coh} = -(I + E_0 + E_F)$$

と表示されている。ここで、E$_0$ は金属電子の基底状態のエネルギーと呼

ばれ、金属イオンと電子とが結合して放出する熱エネルギーであり、量子力学的計算で求められる。E_F は電子の運動エネルギーであり、フェルミエネルギー (Fermi energy) と呼ばれる。

　余談ではあるが、上の式を初学者に分かりやすく説明するのは容易でない。ある大学研究所の研究グループ（メンバーは物理学や金属学の教授、助教授、助手であった）で、固体物理学の洋書についてゼミを遂行中、メンバーの一人が、この式の理解が困難だとボヤいたことが思い出される。そのとき、図 2.3 をさらに詳しくした図を描いて説明したところ理解され、図解の大切さを実感した。

2.1.3 自由電子

　結晶を構成しているイオンの間を飛びまわる外殻電子の状態を示す基礎方程式は、次のようなシュレディンガー (Schrödinger) の波動方程式で与えられる。

$$-\frac{\hbar^2}{2m}\left(\frac{\partial^2}{\partial x^2}+\frac{\partial^2}{\partial y^2}+\frac{\partial^2}{\partial z^2}\right)\Psi(r,t)=(E-V)\Psi(r,t)$$

ここで $\Psi(r,t)$ は波動性をもつ電子の状態を表す関数、V は電子に働くイオンとの相互作用、$\hbar$ はプランク (Planck) の定数 h を 2π で割った値、E は求める電子のエネルギーである。

　イオンの配列が周期性をもつとき、イオンのまわりの電子の状態を示す関数である原子軌道関数 $u(r)$ を含む、次式が得られる。

$$\Psi(r,t)=e^{ikr}u(r)$$

この状態関数は、原子軌道関数 $u(r)$ が e^{ikr} で変調されたと考えてもよいし、あるいはまったく自由に飛びまわる電子の状態を表す関数 e^{ikr} が、イオンの影響を受けた電子の状態を示す関数すなわち $u(r)$ で変調されて、$e^{ikr}u(r)$ になったともいえる。その結果、電子の取りうるエネルギー状態が許容帯と禁制帯に分かれることが知られている。

　Na のような第 1 族の金属ではフェルミエネルギー E_F が許容帯の真ん中にあり、電子はほとんど自由に飛びまわれる。これを自由電子といい、電気の伝導に寄与することから伝導電子ともいう（図 2.6）。

35

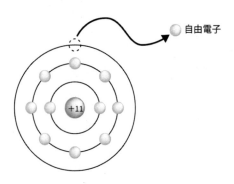
自由電子

図 2.6　自由電子

　第 2 族と第 4 族の金属では、E_F が禁制帯の近くに位置するため、電子は自由電子の状態とかなり異なり、その結果、例えば電気伝導性が悪くなる。特に Fe、Ni 等の遷移金属の場合の飛びまわる電子の状態は、いっそう複雑になる。詳しくは固体物理学の専門書を参照されたい。

　ここで、自由電子の実験的事実についても述べておく。0.05〜1 K のような極低温における金属の比熱（温度を 1 ℃上げるために必要な熱量）を測定すると、金属内の電子は自由に飛びまわり、気体のような状態になっていることが分かる。

　金属内で自由電子を構成していると考えられるのは、原子の最外殻の電子（価電子）であることは容易に推察できる。内殻の電子と原子核とが一つになっているのがイオンであるので、繰り返すことになるが、金属はプラスに帯電した陽イオンと自由電子によって構成されている。

2.1.4　金属の結晶構造

　金属が自由電子とイオンとから構成されるとして、そのイオン配列はどのような構造をしているのであろうか？　金属表面に X 線を当てると、特定の角度からだけ反射が起こる。この物理的意味は、反射する対象物、すなわち物質内の各イオンが周期的に配列しているということである。この周期的配列が繰り返されて、肉眼で捕らえられる大きさになったものを結晶という。

　3次元で周期性を繰り返す条件を満たす結晶は、大別して14種類であるが、金属の結晶のほとんどは、体心立方格子、面心立方格子、稠密六方格子のいずれかに含まれる（図2.7、表2.1）。

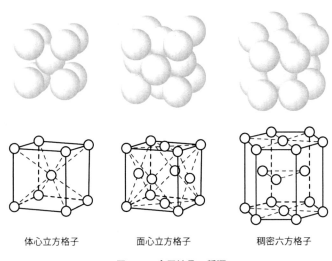

| 体心立方格子 | 面心立方格子 | 稠密六方格子 |

図 2.7　金属結晶の種類

表 2.1　金属結晶の分類

結晶の種類	金属
体心立方格子（b.c.c.）	Li, Na, K, Rb, Cs, Ba, V, Cr, Ta, Mo, W, Fe
面心立方格子（f.c.c.）	Ca, Sr, Al, La, Fe, Co, Rh, Ir, Ni, Pd, Pt, Cu, Ag, Au, Tl, Pb
稠密六方格子（h. c. p.）	Be, Mg, La, Ti, Zr, Hf, Ru, Os, Co, Zn, Cd, Tl
その他	Sn, Bi, Se, Te

　なお、半導体はダイアモンド型構造であり、Si、Ge、Sn（低温）が該当する。

2.1.5　金属の電気伝導

　金属の特徴的な性質は、なんといっても電気伝導性が著しく高いこと

である。金属の電気伝導度については、詳しくは例えばザイマン (J. M. Ziman) 著『固体電子論の基礎』（丸善）を参照されたい。ここでは簡単な現象論について述べる。

いま、ある金属中において平均的速度で運動する自由電子に着目する。この金属に電気を流すために電場 E（試料の長さを L とすると電圧は EL となる）を与えたとしよう。すると、この電子が移動するときに何らの衝突もないときには、次のようなニュートン (Newton) の運動の第二法則が成立する。

$$m\frac{d\delta v}{dt} = -eE$$

ここで、δv は電場 E による電子の速度の増加分である。しかし、実際にはこの電子は配列しているイオンとの相互作用に起因する衝突があり、次式のように修正される。

$$m\left(\frac{d\delta v}{dt} + \frac{\delta v}{\tau}\right) = -eE$$

ここで τ は衝突時間 (collision time) と呼ばれ、着目した電子が何かと衝突するまでの時間を示している。定常状態では

$$\delta v = -\frac{e\tau E}{m}$$

である。一方、単位面積当たりに流れる電流の大きさ、すなわち電流密度 J は、単位堆積当たりの自由電子の数を n とすると、

$$J = ne\delta v = \frac{ne^2\tau E}{m} = \sigma E$$

である。ここで σ は電気伝導度を表す。したがって

$$\sigma = \frac{ne^2\tau}{m} = \frac{ne^2\Lambda}{mv_{av}}$$

である。ここで、v_{av} は電子の集団としての平均の速度である。温度の上昇と共に伝導度の減少が起こるのは v_{av} の温度変化のためである。

一方、巨視的な観点からは、金属の電気伝導はオームの法則に従う。すなわち、電圧 V は次式で表される。

$$V = IR$$

(I：電流の大きさ、R：電気抵抗、単位はオーム)

$$R \propto \frac{l}{S}$$

(l：試料の長さ、S：試料の断面積)

$$R = \frac{\rho l}{S}$$

(ρ：比抵抗 (ohm・cm)、$\rho = \frac{1}{\sigma}$)

2.1.6　金属の熱伝導とヴィーデマン–フランツ比

　熱伝導度 κ と電気抵抗 ρ との比をヴィーデマン–フランツ比 (Wiedemann – Franz ratio)κ/ρ といい、金属ではほぼ一定の値を示すことが知られている（表 2.2）。

表 2.2　各金属の電気抵抗とヴィーデマン—フランツ比

	ρ (ohm・cm)	$\kappa/\rho (\times 10^{-8}\,\mathrm{emu})$
Zn（亜鉛）	5.45	670
Al（アルミニウム）	2.5	637
Au（金）	2.22	710
Ag（銀）	1.47	686
Sn（錫）	10.1	735
Fe（鉄）	8.7	802
Cu（銅）	1.55	668
Pb（鉛）	19.3	715
理論値		517

　表 2.2 から分かるように、電気伝導性の良い金属はいわゆる貴金属と呼ばれているものである。これは単位体積当たりの自由電子の数が多いこと

による。電気伝導度が無限大になる超伝導については、第 4 章で述べる。

　金属の場合、熱を運ぶ主たる担い手はやはり自由電子である。いま、図2.8 のように金属試料内の x 方向に温度勾配 $\Delta T/\Delta x$ をつくる。

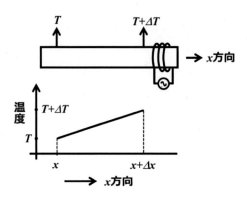

図 2.8　金属試料に温度差を与える

　位置 x における電子の速度を v、x 方向と運動方向とのなす角度を θ とする。また x での電子のもつ熱エネルギーを $E(T)$、$(x+\Delta x)$ の地点で $E\left(T + \frac{\Delta T}{\Delta x}\tau v \cos\theta\right)$ とする。ただし ΔT は距離 Δx の間の温度差である。それゆえ、位置 x と $x+\Delta x$ との間の熱エネルギー差 ΔE は、

$$\Delta E = E(T) - E\left(T + \frac{\Delta T}{\Delta x}\tau v \cos\theta\right) = -\frac{\Delta E}{\Delta T}\frac{\Delta T}{\Delta x}\tau v \cos\theta$$

となる。したがって、単位時間および単位体積当たりの熱流 U は、次式のようになる。

$$U = n\Delta E v \cos\theta = -n \frac{\Delta E}{\Delta T}\frac{\Delta T}{\Delta x}\tau v (\cos\theta)^2 = -\frac{n}{3}\frac{\Delta E}{\Delta T}\tau v^2\frac{\Delta T}{\Delta x}$$

　一方、熱伝導度は次式で定義される。

$$U = -\kappa T \frac{\Delta T}{\Delta x}$$

電子の比熱 C_e およびフェルミエネルギー E_F を用いると、

$$\kappa T = \frac{C e v^2 \tau}{3}$$

となる。これらの関係を用いると、最終的に

$$\frac{\kappa T}{\sigma} = \frac{\pi^2}{3}\left(\frac{k_B}{e}\right)^2 T$$

が得られる。この電気伝導度と熱伝導度との関係式がヴィーデマン–フランツ比であり、電気伝導が良ければ熱伝導も良いことを示している。ヴィーデマン–フランツ比は、種々の熱電素子材料の研究に際してその特徴を決める重要な要素である。

2.1.7　金属の熱的性質

　金属が熱を伝えることは金属中の自由電子によるものであることは上に述べたが、熱を吸収することにより温度が上昇する。この熱の蓄え方は、構成する金属イオンの格子振動によるものである。

　格子振動とは、隣接して構成する金属イオン同志がエネルギー的に最も安定な位置からずれて、近づいたり離れたりする運動を繰り返す現象である。金属の温度が上昇すると、結晶をなるべく安定に保とうとして、構成する金属イオンのいくつか（全体から見ればほんのわずかの量ではあるが）は内部から外側に移動する。このように、周期的な格子点の位置から金属イオンがなくなった格子点を格子欠陥という（図 2.9）。

完全に配列した状態

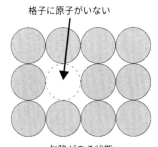
格子に原子がいない
欠陥がある状態

図 2.9　格子欠陥

温度を上げてゆくと、格子欠陥が増加し、それとともに、格子振動によ

る熱エネルギーをどのように安定に収容したらよいか（結合エネルギーと振動のエントロピーとの兼ね合い。振動のエントロピーとは原子の動きまわりやすさに関する物理量で、両者の関数で決まる自由エネルギー G が支配する）を結晶自身が考えることによって、結晶構造が与えられる。それに伴い、ある種の金属では、ある温度を境によりエネルギーの低い結晶構造への相転移（相変態）が起こる。数式的取り扱いはもう少し後で述べる。

　金属で格子欠陥ができ、相転移すると、金属の性質、特に硬さや展性、延性などに大きな変化が生ずる。たとえば、鉄は 1100 ℃くらいになると室温での鉛ほどにも軟らかくなる。鉄筋の高層建造物が火災にあったりすると、燃えないはずなのにぐにゃぐにゃと変形するのは、結晶の相転移によるものである。2001 年の米国同時多発テロ事件で、ニューヨークで 2 つの高層ビルにハイジャック機が衝突、炎上したのち、脆くも崩れ去ってしまったときのことを思い起こせば、納得されるであろう。

2.1.8　金属の硬さ

　金属の硬さを示す一つの性質（要素）として、金属の圧縮率が考えられる。金属の圧縮率は、金属のもつ全エネルギーが体積にどのように依存するかを示す量であるが、一般に原子番号が大きいほど圧縮しにくくなる。タングステン (W) がその代表例である。また、周期律表の同一族に限れば、原子番号の大きい金属ほど圧縮されやすい。たとえばセシウム (Cs) はナトリウム (Na) よりも圧縮されやすく、だいたい 1 万気圧で体積が半分に圧縮される。

　もうひとつの金属の硬さは、すべり（転位、デスロケーション）難さで表される。これについては後で述べる。

2.2　相転移

2.2.1　錫ペスト

ヨーロッパ諸国、特に北欧の教会を訪れると、澄み渡ったパイプオルガ

ンの美しい音色が響いている。ところが、このパイプオルガンのパイプの表面をよく見ると、うろこ状の吹き出物が見られる。人々はこれを錫ペストと呼ぶ。この錫ペストの原因は何であろうか？

われわれが知っている常温（25 ℃前後）の錫は白色錫 (white tin) と呼ばれ、正方晶形という結晶構造をもち、Sn^β と書かれる金属である。この白色錫を冷却すると、結晶構造が異なる灰色錫 (gray tin) と呼ばれる灰色の状態が出現する。灰色錫の結晶構造はダイアモンド型で Sn^α と書かれ、その性質は金属ではなく半導体である。

1.3 節でも触れたが、温度という一つの外的条件を変えることにより別の状態が出現することを、相転移もしくは相変態という。固体が融解して液体状態に変化するのも、相転移である。錫ペストは、錫製のパイプの表面が相転移によって灰色錫に変化したものである。

ここで、ナポレオン (Napoleon) のエピソードを一つ紹介しよう。モスクワに入ったナポレオンはいつも片手を懐に入れていたが、それはズボンつりの支えである錫製のボタンが灰色錫となってちぎれたためであると言われている。これがまことしやかな嘘であるか、それとも真実なのかは分からない。しかし当時、ボタンに錫が使用されていたのは事実である。

また、帝政ロシア時代に、軍用の外套ボタンを白色錫で製作したことがあった。ところが極寒のペテルブルクの軍用倉庫で錫ペストが発生し、倉庫の軍服が全部駄目になってしまったのであった。

2.2.2　相転移とギブスの自由エネルギー

ある金属が温度 T、圧力 p の外界によって取り囲まれ、熱平衡状態におかれたとしよう。この金属が外界から微小な熱量 ΔQ を受け取り、さらに微小な ΔW の仕事が加えられるとき、この金属の内部エネルギーの微小な増加が ΔU になったとする。このとき、熱量 ΔQ を吸収するために、金属内部では金属イオンの分布の変化、すなわち格子振動の変化が生ずる。この金属イオンの分布の変化を表現する物理量として、

$$\Delta S \geq \frac{\Delta Q}{T}$$

を定義する。この S をエントロピーという。この式の不等号は、変化が

不可逆過程のときである。

　外界から加えられた仕事は-$p\Delta V$ に等しいので、次式が得られる。

$$\Delta U - T\Delta S + p\Delta V \leqq 0$$

この式で "微小な" という意味の "Δ" を取り去った式を G と書き、ギブスの自由エネルギー (Gibbbs free energy) という。すなわち、

$$G = U - TS + pV$$

である。T と p が一定のとき、この金属の状態が変化していき、平衡状態に達する近傍では、$\Delta G \leqq 0$ となり、平衡状態では G は極小値をとる。

　金属だけでなく、すべての物質はそのギブスの自由エネルギーによって状態が決定される。例えば金属が温度の上昇とともに固体から液体へ、さらには気体へと変化することを温度 T の関数として、$G(T)$ を表す（図2.10）。

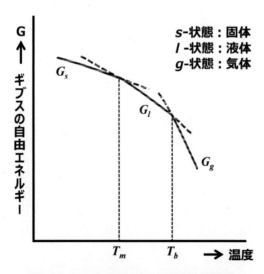

図 2.10　ギブスの自由エネルギーの温度変化

　ここで s、ℓ、g はそれぞれ固体、液体、気体の自由エネルギーの温度依

存性を示し、T_m と T_b はそれぞれ融点と沸点の温度である。ある結晶が相転移を生じて別の結晶形になる場合も、$G(T)$ は同様の変化であると考えられる。

相転移をもたらす状態の変化としては、温度のほかに圧力がある。実際、ゲルマニウム (Ge) やシリコン (Si) は、圧力を加えると半導体から金属に転移する。ちなみに、Ge は固体では半導体であるが、高温にして液体状態になると金属になる。

また、炭素は通常の圧力と温度ではグラファイトと呼ばれる結晶形をもつが、適当な温度と圧力のもとではダイアモンドに変形する。ひとたびダイアモンドに変形すると、常温常圧に戻しても、通常はグラファイト状態には戻らない。その理由は、ダイアモンドの結晶構造とグラファイトの結晶構造があまりにも違いすぎるためである（図 2.11）。

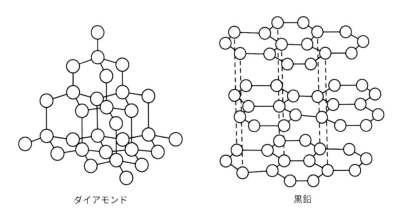

ダイアモンド　　　　　　　　　黒鉛

図 2.11　ダイアモンドとグラファイトの結晶構造

錫ペストも同様である。白色錫が冷やされて灰色錫に転移する温度は熱力学的には 13.4 ℃であるが、両者の構造の違いから、13.4 ℃以下になってもなかなか灰色錫にならない。北欧やロシアのように気温がマイナスになるところに長く置いて、ようやく灰色錫が出現する。しかし、温度がさらに下がると、今度は原子が動きにくくなり、やはり熱平衡状態である灰色錫に到達するのに時間がかかる。

2.2.3　本多光太郎博士の果たせなかった夢

　太平洋戦争のさなかから戦後にかけて、我が国では金属切断用に硬い物質が求められていた。当時、東北大学金属材料研究所所長であった本多光太郎は、グラファイトに圧力をかけて工業用ダイアモンドを作成したいと考えた。このために、温度を変えることにより構造的な変態を起こす鉄の性質を利用することを考えた。

　鉄は常温から 910 ℃までは体心立方格子であり、それ以上の温度で面心立方状態になり、さらに 1401 ℃で再び体心立方格子となる。910 ℃を境にした面心立方状態では鉄の密度が大きくなるため、常温でグラファイトを鉄で包み込み、きっちりと溶接した後、鉄の温度を上昇させると、面心立方格子に転移する際にグラファイトは非常に大きい圧力を受けることになる。

　計算上の圧力は十分にダイアモンド作成を示唆していたものの、実験は成功しなかった。鉄とグラファイトの間に発生する大きな圧力は、鉄のある断面にすべりを与えてしまったのである。しかし、この現象は後にデスロケーション（dislocation、転位）という学問として発展したのだから、怪我の功名と言っていいのではないだろうか。金属のもつ特性の展性、延性は、このデスロケーションで説明することができる。

2.2.4　金属の展性・延性

　金属に展性・延性があるのはなぜであろうか？　たとえば純金は厚さ 0.0005 mm よりも薄い箔にすることができ、また 1 g の金から 3000 m の針金をつくることができる。これは、材料を破壊することなしに叩いたり引っ張ったりすることが容易だからである。その理由は次のように考えられる。

　まず、金の結晶構造を考える。金の構造は図 2.12 のような面心立方格子であり、(111) 面では金原子の存在密度が大きい。この面 M とその上の（あるいは下の）面 N を平行移動するように滑らせるときに、あまり大きな力が必要でなく、かつ、すべらす距離、位置によって必要なエネルギーがあまり大きく変化しなければ、展性・延性があることになる。

　金は金イオンと自由電子とから構成されるが、この金イオンの外殻電子の中で 5d 電子と呼ばれる 10 個の局在電子群の広がりが比較的大きく、金イオンの存在する位置が多少ずれてもあまりエネルギー的に変化しない。これが、面のすべりを容易にしている。

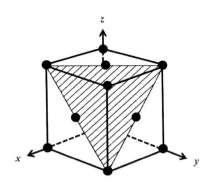

図 2.12　面心立方格子（斜線部：(111) 面）

　前項で触れたデスロケーションとは、上記の例のように結晶を三次元的に考えたとき、原子の配列のある断面がほかの断面に比して図 2.13 のようにすべりやすくなることである。金属線を引っ張ったときずるずると延びるのはこのためである。

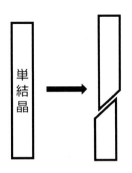

図 2.13　結晶のある面がすべる

2.3　酸化

2.3.1　錆の形成

　自家用車、トラック、ダンプカー、ブルドーザー、列車、鉄筋建築、建設用機器、等々、私たちは鉄を素材にした物に囲まれた生活をしている。もし鉄素材が環境によってさび錆を生じ、ぼろぼろになってしまったら、大変不都合である。しかし現実には、錆が生ずることを認識しておかなければならない。

　鉄は湿り気のある空気中で錆を生じやすく、比較的短時日でしゅうか錆化しつくす。これに対し、同じ鉄族元素のコバルトやニッケルは、空気中で安定に存在する。ことにニッケルは、その美しい白色金属光沢を長く保つことができる。

　それでは、鉄はどのようにして錆びるのであろうか？ 普通の環境下で、鉄は水酸化第二鉄を生じて錆びるが、その反応は次の2つの過程を経て行われる。

　まず、湿り気 (H_2O) と炭酸ガス (CO_2) が存在すると、酸性水溶液 (H_2CO_3) ができる。

$$H_2O（湿り気）+ CO_2（空気中の炭酸ガス）\longrightarrow H_2CO_3（酸性水溶液）$$

この酸性水溶液 H_2CO_3 に鉄が溶け、次式のような第一鉄イオンができる。

$$Fe + H_2CO_3 \longrightarrow Fe^{2+} + CO_3^{2-} + H_2（気体）\uparrow$$

さらに、この第一鉄イオン Fe^{2+}、湿り気 (H_2O)、空気中の酸素 (O_2) から、次のようにして水酸化第二鉄ができる。

$$Fe^{2+} + O_2（空気中の酸素）+ H_2O（湿り気）\longrightarrow Fe(OH)_3（Fe は$$

Fe^{3+} の状態）

ただし、環境条件によって実際には第二水酸化鉄 $Fe(OH)_3$ とはならず、$2FeO(OH)$ が形成され、さらに $Fe_2O_3 \cdot H_2O$ となり、最後に $Fe_2O_3 \cdot H_2O$ から水分子が離脱して第二酸化鉄が形成される。

あるいは第二水酸化鉄 $Fe(OH)_3$ を強熱すれば下記の反応が発生する。

$$4Fe(OH)_3 \longrightarrow 2Fe_2O_3 + 6H_2O$$

この Fe_2O_3 が銹の正体である。

実際には、鉄 (Fe) がイオン化する $(Fe^{2+}+2e)$ 個所を中心にして局部電池が形成され、2 価の水酸化鉄 $Fe(OH)_2$ が形成される。塩分があると局部電池の電流が促進され、すなわち $Fe(OH)_2$ の形成も促進される。

海面付近では鉄の部分が陽極となり、空気中および海水中の酸素ガスと、以下のように反応する。

$$O_2 + 2H_2O + 4Na^+ \longrightarrow 4NaOH（陽極）$$

$$NaOH \longrightarrow Na^+ + (OH)^-（陽極付近）$$

$$Fe + Cl^- \longrightarrow FeCl_2（陰極）$$

$$FeCl_2 \longrightarrow Fe^{2+}(aq) + 2Cl^-(aq)（陰極付近）$$

$$Fe^{2+}(aq) + 2(OH)^- \longrightarrow Fe(OH)_2（陽極と陰極の間）$$

これはすなわち、塩分が存在する場合には酸化が格段に促進されることを示している。

鉄材の銹びる速さが環境の条件（湿り気、炭酸ガス、酸素、温度、歪み）に依存するのはもちろんであるが、鉄材そのものにも依存する。鉄材の表面に不純物元素が存在せず、ピカピカであるなら、酸化反応は遅い。

また、鉄の表面がきれいなときに、その表面だけを酸化させて Fe_2O_3 の状態にすると、それ以上は酸素が中に浸入せず、酸化の促進を妨げ、かつ酸に対する抵抗力も増加する。この状態を不働態 (passive state) という。

2.3.2　地下水が鉄鉱石を作る

2018 年 12 月 6 日付の米国科学雑誌 *Science Advances* に、名古屋大学の吉田英一らによる "Fe-oxide concretions formed by interacting carbonate ad acidic waters on Earth and Mars" という論文が掲載された。これは地球と火星の表面、あるいは表面に近い地層で見られる球状の鉄コンクリーションに関する論文である。

コンクリーションとは、地球上の堆積岩の粒状空隙に生ずる石灰岩が主成分のかたまりで、いわば天然のコンクリートである。米国ユタ州およびワイオミング州では、直径が 4〜6 m にも達する球状のコンクリーションが発見され、キャノンボール・コンクリーションと呼ばれている。

吉田らの研究によれば、ユタ州のコンクリーションは、もともと炭酸カルシウム ($CaCO_3$) のコンクリーションであったのが酸性の地下水と化学反応し、表面に褐鉄鉱石を形成させたという。同様のコンクリーションがモンゴルのゴビ砂漠でも発見され、その生成は同様のメカニズムによるとのことである。

実際には、酸性の地下水だけでなく、塩基性の地下水でも同様の化学反応が発生する。これについては、1974 年に東北大学金属材料研究所の下平、橋本、三沢らが「鉄さびの生成機構と耐候性さび層」という題名で論文を発表している[1]。この論文によれば、弱酸性溶液中では γ-$FeO(OH)$ が生成され、これがさらに酸化されて最終的に Fe_3O_4 が形成されるという。この状態が、今回の吉田らの発見した鉄コンクリーションであると思われる。

下平らの研究によれば、弱アルカリ性水溶液中でも最終的に Fe_3O_4 が形成されるという。このことは、鉄分を含む地下水は酸性であれ、塩基性であれ、炭酸カルシウムと反応して鉄コンクリーションを形成することを

1　　『防食技術』, **23**(1974), 17-27.

示唆している。今後、地球上でさらなる新しい発見が期待される。

2.3.3　デリーの鉄柱

　インドの首都デリー (Delhi) の中心部に、高さ9 m（地下に埋もれている部分が約2 m）、直径は約40 cm、重さ約6.5トンにもなるピカピカの鉄円柱が建てられている（図2.14）。記録によれば、建てられてから1500年は経過しているらしい。それにもかかわらず、この円柱はまったく錆びないという。

図2.14　デリーの鉄柱

　インドの国土の大部分は、湿気の多い地域である。人口が多いので、炭酸ガスも多量だ。人々は炊事のための加熱燃料、交通のための自動車燃

料、工業生産や夜間照明のための電力等々、炭酸ガス発生を伴う生活が日々行われている。また、気温も高く、錆びるために必要な条件はすべて揃っているのに、なぜ錆びないのだろうか？

当地の学術的調査の結果では、鉄塔の表面が薄い燐酸鉄 ($FePO_4$) の皮膜で覆われているためである、とのことである。皮膜でしっかりと覆われているということは、とりも直さず鉄円柱の表面がピカピカで、かつ鉄としての純度がきわめて高く、結晶の状態が非常に良いことを意味する。つまり格子欠陥やデスロケーションが少ないことが考えられる。

これだけ純粋な鉄が作り出せるのは、現在でも世界で有数の研究所や研究グループ、日本でいえば、各鉄鋼精錬企業の研究所や東北大学金属材料研究所、および有名大学の鉄鋼に関する研究グループだけであろう。つまり、このデリーの鉄柱は、インドの純鉄精錬の技術が古くから優れた水準にあったことを物語っている。これを宇宙人が地球に来たことがある証拠だという人もいるほどである。

2.3.4　錆と中古自動車

米国では、海岸に面した都市と内陸部の都市では、同年次生産で同程度のマイレージ走行の中古車の値段が違うという。これは、車の錆び方が違うことによる。海岸部では湿気の中に塩分が含まれているため、どうしても鉄材の酸化が促進される。

1976 年、英国はまれに見る洪水の被害が各地で広がったことが報じられていた。その 3 年後の 1979 年に、私たち一家は英国ノーリッチ (Norwich) 市のイーストアングリア (East Anglia) 大学に 2 度目の滞在を行った。長期間の滞在のため中古車を購入しようとしたところ、ある中古車ディーラーの店で、割合にピカピカしていてマイレージも少ない車を格安で見つけた。これは、と思い早速購入。ところが、1 ヶ月後の英国国内旅行途中に突然排気管が落下した。見ると、筒の真ん中がぼろぼろに錆びていた。

後で聞くと、イーストアングリア地方は私たちが到着する前に洪水に襲われ、海岸部が海までつながった、という。購入した車は、塩分が含まれた洪水にみまわれたものに違いないが、あとの祭りである。

この車（もちろん、旅の途中で排気管は交換した）は帰国前に売らねばならない。帰国 1 週間前にローカル新聞で 3 日間の売却広告を出し、帰国2 日前にようやく買い手がついた。ちなみに、この 7 年前にも、帰国前日にようやく車が売れた。こういう心配が響いて、髪の毛が白くなってしまった。

　ちなみに、普通自動車 1 台に使われている金属は、銑鉄 35.7 Kg、普通鋼 691.7 Kg、特殊鋼 179.5 Kg、アルミニウム 29.4 Kg、銅 9.9 Kg、鉛6.3 Kg であるという。

2.3.5　鉄の防食技術

　日本海側では、冬期には塩分を含む強い風がいつも吹いている。この塩分を含む湿り気は、容赦なく建物の室内に侵入する。当然、鉄素材からできた機器は太平洋側よりも錆びやすい。機器の表面は、ペンキ等を定期的に塗装すればある程度防御できる。しかし、塗装が困難な個所の防錆には限界があろう。日本海の海岸部にある原子力発電所内部の機器に、将来、錆が誘発されないか心配なところである。

プラント事故

　日本海ではないけれども、英国とノルウェーの中間に位置する北海油田のプラントで、腐食に伴う事故が発生している。1980 年 3 月、ノルウェーに所属していた海底油田採取用の作業員宿舎として、AlexanderKielland 号と名付けられていた固定船が腐食に伴う海水漏れから突然沈没し、宿泊して作業員 123 名が死亡した。また 2012 年 9 月、同じ地域の海底から採取されていた原油と天然ガス分離装置のバルブが腐食によって破断された事故もある。この時は幸いに人的事故はなかった。

　ノルウェー沖とはいえ、その地域はスコットランドのアバデーン(Aberdeen) からわずか 190 km の位置にあった。そこで、Piper Alphaと名付けられた石油採掘プラントが設置され、採取された石油と天然ガスは、パイプラインで英国に送られていた。1988 年 7 月、このパイプラインから漏洩したガスによって、このプラントは爆発的炎上を起こし、167人が犠牲となった。ガス漏れの原因は明白でないが、あるいはパイプの繋

ぎ目における錆が原因であったかも知れない。

トタンとブリキ

　鉄や鋼の防食については、これまで多くの方法が提案され、実用化されている。鉄に珪素やマンガン、クロム等を添加した、錆びに対する耐性をもつ合金の開発は、今後も発展が期待されるであろう。

　ここでは、鉄板に亜鉛を塗布したトタンについて説明を試みよう。亜鉛は摂氏 60 ℃までは鉄よりもイオン化しやすいので、鉄板に塗布した場合、たとえこのトタン表面に傷がついても、鉄板自体はイオン化に伴う酸化を起こさない。

　もし、亜鉛の代わりに錫を塗布すると、逆に鉄板がイオン化しやすくなり、酸化が促進される。ただし、塗布した錫に大きな傷が入り、鉄板表面が露出しない限り、鉄の酸化は発生しない。美しい色彩の表面でイオン化しにくい錫のままである。これがブリキである。

　ところで、薄い鉄鋼板の表面を金属錫で塗布したものが、なぜブリキと呼ばれるのだろうか？　文明開化の頃、横浜で煉瓦をブリキのケースに入れて歩いていた外国人に、日本人が「それは何ですか」とたずねたところ、その外国人は中身の煉瓦を聞かれたと思い、"I am taking bricks."（私はレンガを持ち運んでいます）と答えた。それを聞いて、入れ物のケースの材料が「ブリック＝ブリキ」と理解したのが、語源とか。

2.3.6　鉄の酸化の利用

　鉄はもともと、地球上に酸化鉄として広く大量に存在する。酸化鉄そのものは安定であるから、そのまま放置しても変化がない。鉄製機器の廃棄物を処理する際、一つの方法は溶融した後に固化・成形して再利用することであり、もう一つの方法は、細片化したあと絶えず散水して人工的に酸化させ、それを過疎地の地中深く埋めるか、深海に投棄することである。西ドイツを旅したときに、このように細片化した鉄屑に散水して酸化させているところを、列車内からべっけん瞥見したことがある。

　また、使い捨てカイロは、鉄粉と塩を混ぜたもので、空気に触れると鉄が酸化反応により発熱する作用を利用したものである。多くの金属は酸化

反応の際に発熱するが、鉄粉の酸化は比較的ゆっくりと起こるので、保温材として適当なのである。しかし、マグネシウムの酸化のように、いったん燃え始めると爆発的に反応するものもある。昔はこれを写真のフラッシュに用いていたことは、年配の皆さんの記憶に残っているところであろう。

2.4　金属の色

2.4.1　色の学術的研究

　金が金色にさんぜん燦然と輝くことはだれでもが知っている。しかし、なぜ金だけがほかの金属と違って金色なのか、という問いに対して説明するのは、それほど容易ではない。そもそも私たちが金色に見える、銀色に見える、鉛色に見える、などといっている事象は、学術的な観点でいえばどういうことなのであろうか？

　まず、物体固有の色とは何であろうか？ 色の学術的研究は、1666 年のニュートンの研究に始まる。当時、彼は弱冠 23 歳であったという。ニュートンはまず、太陽の光がガラスのプリズムを通して、赤、だいだい橙、黄、緑、青、藍、すみれ菫に分光し、いわゆる太陽スペクトルを生ずることを発見した。なお、太陽スペクトルは日本ではこのように 7 色とされているが、ヨーロッパでは 6 色とされている。これは日本人の微妙な色彩感覚の細やかさを示しているのかも知れない。

　ニュートンは次に、スペクトル的に純粋な赤色光で照明して朱と青の顔料を見ると、ともに赤く見えるが、朱の顔料のほうが明るく見えることを突き止めた。逆に、スペクトル的に純粋な青色光の照明の下で見ると、ともに青く見えるが、青の顔料のほうが明るく見えることも突きとめた。このことから、物体が太陽光のような白色光で照明されたとき、その反射光のうちの一部のスペクトル成分が強く反射されるために着色して見えると結論した。

　このことは、物体を透かして見たときに見える色は、逆に白色光の内、透過された一部のスペクトル成分の光を見ていることになるので、反射光

による色とは一致しないことも意味する。

コラム：ニュートンのりんごの木

　1665 年、ケンブリッジ大学のトリニティ・カレッジを卒業していたアイザック・ニュートン (Isaac Newton) は、黒死病の感染を恐れて英国東部リンカーン州の小村にあった生家に戻り、数学、物理学、天文学等を研究し始めたと言われています。そして、自宅から窓越しに見えるりんごの木の果実の落下を見て、有名な万有引力を発見したとの言い伝えがあります。

　現在、その生家は極小のニュートン博物館として公開されています。私も 1996 年の夏に、英国の友人に連れて行ってもらいました。大発見を世に伝える証拠のりんごの木も存在していましたが、老木であるためりんごは実らず、したがって私は万有引力を発見できませんでした。そのとき撮った写真を、ここに紹介します（図 2.15）。

図 2.15　ニュートンのりんごの木

2.4.2 光の三原色

底に小さい穴を空けた空き缶をテーブルの上に伏せて置き、その穴の部分を見てみよう。その穴は、どんな黒い色の紙よりも黒く見えるはずである。これは、缶の中に入った光が何度も反射される間にすっかり吸収されてしまい、穴から出られなくなったことを示す。逆に、白色は光をすべて反射する。

鏡も光を全部反射しているが、白色と異なり、きらきらとした金属光沢をもつのはなぜだろうか。それは、鏡の金属光沢は、基本的にはぴかぴかに磨いた銀の表面によるものだからである。そのことはまた後で述べよう。

ここで光の三原色について理解していただくことにする。太陽光には色がない、つまり白い光であると感じるが、前に述べたように、これをプリズムに通すと7色に分光する。したがって、白い光とは波長が3800 Å（紫）から7800 Å（赤）までのすべての色光（スペクトル）が混ざったものであるといえる。また、ニュートンの発見した光のうち2種類以上を混ぜると、元の色と異なる色が出現する。たとえば、赤と緑のスポットライトを白い壁に照らすと、両者が重なったところは黄色になる。そして、赤(Red)、緑(Green)、青(Blue)の3つの光を、それぞれの強さを加減して重ね合わせると、白色光を含めたすべての色の光を作り出すことができる。この3つの光の色を、光の三原色という。たとえば、赤と緑を重ね合わせると黄色に見えるが、黄色の光（波長5800 Å付近）になったわけではない。この光の三原色の原理を利用したものがカラーテレビである。

2.4.3 金属の光沢

金属表面の光沢は、少しずつ角度を変えて並ぶ、不規則な形の小さな鏡のようなもの（結晶のドメインと呼ばれている部分）から光が反射した結果生ずる。ツタンカーメンの黄金のマスクも、虫眼鏡で見ると、明るい黄色の部分と暗い黄色の部分とがモザイクになっているが、全体で見ると燦然と輝く黄金色に見える。

物理現象の立場から言えば、光は電磁波である。この電磁波が、金属表

面で金属中の自由電子や、エネルギー的にそれに近い局在電子に対して、ある力を及ぼす。その結果、入射した光を吸収（残りは透過）、反射する割合が定まる。この金属中の自由電子の光吸収をドルーデ (Drude) のモデルという。

　図 2.16 に、1933 年にツェナー (Zener) が雑誌 *Nature* に発表した、自由電子による光の反射率を示す[2]。一番強く反射されるときの光と同じ波長で、金属内の自由電子が振動的な運動をする。この現象を電子のプラズマ振動といい、その振動に相当するエネルギーを吸収端と呼ぶ。つまり、吸収端より低いエネルギーの（波長の長い）光が反射されることになる。

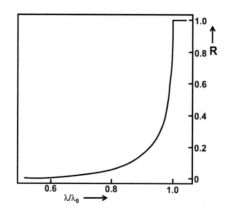

Cs, 4400 Å.;　Rb, 3600 Å.;　K, 3150 Å.;　Na, 2100 Å.;
Li, 2050 Å.

図 2.16　アルカリ金属の光反射

　金結晶に太陽光を当てると、外殻に局在する 5d 電子の影響で大体 5000 Å より長い波長の光、つまり光の三原色のうち緑と赤の光がすべて反射される。その結果、視覚が黄色の光として捉えることになる。銅の長波長吸収端は 5750 Å であるため、赤の光すべてと緑の光少々が反射され、視

2　　CLARENCE ZENER, Remarkable Optical Properties of the Alkali Metals, *Nature*, **132**, (1933) 968.

覚が赤みがかった赤銅色を捉えることになる。また、銀の長波長吸収端は3000 Å であるため、すべての可視光を反射し、白っぽいきらきらとした銀色が観測される。

2.4.4 色彩感覚

なぜ人間は赤、緑、青といった色を識別できるのだろうか？ 簡単に説明すると、色を感ずる視細胞である錐体細胞が3種類あって、それぞれが主として赤、緑、青を感ずるのである。赤を感ずる細胞は赤い光が当たるときにだけ興奮し、神経を通して脳に情報を送り出す。脳はどの細胞からどんな強さの信号が来たかという情報を受け取り、総合的な判断結果から色覚が決まる。

ロンドンのリバプールストリート (Liverpool Street) 駅からインターシティー (Inter-City) と呼ばれる列車で北へ2時間行くと、かつてのイーストアングリア王国の首都ノーリッチに到着する。そこにあるイーストアングリア大学に、合計で5年以上滞在した。ノーリッチ近郊を車で走ると、いたるところに緑の牧草の中にポピーの群生集落を見ることができ、思わずワンダフル！ と言いたくなる。それはまさしくモネ (Claude Monet) の描いた「野生のケシ」の絵の情景である。ところが、一緒によく連れ立って行くイーストアングリア大学のある教授は、赤と緑の区別がし難く、何がワンダフルか？ といった顔をしていた。これは、錐体細胞がうまく機能しないために発生する症状である。

もちろん、信号が神経を伝わる間には、心理的な環境要因も影響するであろう。実際、気分の良いときと悪いときとでは、同じ物体に対する同じ光の照射状態でも、捉える色はそれぞれバラ色になったり、灰色になったりする。だから、「お先真っ暗」という言葉も、科学的な根拠をもっているのである。

2.5　人体と金属

2.5.1　人体に必要な金属

　人体に含まれる鉄の総重量そのものは大体 2.5 g 程度である。そして、1 日あたり 10〜20 mg の鉄分を摂取すれば、標準的な成人の代謝必要量を満たす、といわれる。この人体に含まれる鉄分の 50 %はヘモグロビンとして赤血球中に見られ、20 % は肝臓、脾臓、骨髄の器官に貯えられて、必要に応じてヘモグロビンに変換される。その他、血漿中に少量、横紋筋に鉄そのものとして存在する。

　鉄分が不足すると、低色素系貧血となり、手の爪の赤みがなくなる。ときどき、爪の色を観察することが必要である。昔の人々が鉄の釜を用いてご飯を炊き、鉄なべで味噌汁を作っていたことは、鉄分補給の良い方法であったことは周知の事実である。

　鉄以外の金属と人体との関わり方も述べておこう。表 2.3 に、一覧にする。

表 2.3　人体に必要な金属（元素）

元素	生理機能	欠乏症
鉄（Fe）	ヘム形成、酸素の運搬と貯蔵	貧血
亜鉛（Zn）	成長・代謝の促進	発育不全、味覚と性欲の減退
マンガン（Mn）	脂質代謝	骨格変形
銅（Cu）	中枢神経維持	貧血
セレン（Se）	重金属毒性軽減作用	機能低下
ヨウ素（I）	甲状腺機能維持	機能低下
モリブデン（Mo）	尿酸代謝調節	成育障害
コバルト（Co）	赤血球サイズの調整	悪性貧血

　セレン (Se) とヨウ素 (I) とは金属ではないとの異論があるかもしれない

が、鉄原子がヘモグロビン形成の中核であり、モリブデンがある代謝ホルモンの形成の中核になっていると同様に、セレンとヨウ素も種々の機能維持のためのホルモン等の構成の中核になっているので、ここでは金属と同じ扱いにした。

コバルト (Co) は食肉に含まれていて、胃で消化されるときにビタミンB12になり、これが赤血球の大きさを調節し、効果的な小さいサイズにする。実は私は胃の手術をしたので、この機能がない。ではどうするか？答えは簡単で、B12をときどき注射する。答えは簡単なのだが、その実施は精神的に苦痛である。また、数か月の海外出張のときなどは、オペの証明書を持参して、現地で注射するのである。

セレンは自由電子が存在しないので、とても金属とはいえないが、英国のスーパーマーケットでは、身体に必要なミネラルすなわち金属化合物として店頭に置いてある。セレンの蒸気ほど嫌な臭いのものはないと私は思うのだが、米国では乳牛の乳の出をよくするために飼料にセレン化合物を添加したところ、効果が抜群であったと聞く。研究結果では、鎖状につながったセレンのみが有効で、環状のセレンは無効だという。このことから考えると、鎖状分子の両端のセレンが体内のある種のホルモン分泌を促し、母乳の出を促進させているのであろう。

なお、特に薬品として経口摂取するときは、上記の金属の単体を摂取するわけでなく、種々の塩化物、炭酸化物等化合物として摂取する。

2.5.2　重金属の毒性

上記とは逆に、人体に有害な金属も多数存在する。たとえば、一酸化鉛 (PbO) は古くから白い絵の具として使われてきた。ゴヤ (Goya) はこの絵の具を好み、筆先をなめて整えていたため、鉛中毒を患ったと言われている。日本でも、おしろいに鉛白を用いていた。美人薄命といわれたのは、鉛毒のせいかもしれない。

同じ2価金属である亜鉛が人体に少量は必要であるのに対し、水銀は少量摂取でも極めて危険である。水銀蒸気を長期にわたって吸収すると骨が脆くなり、かつては歩けなくなった人もいたという。これは無機水銀による人体の中毒症状で、始めに頭痛があり、次に下痢の症状が見られる。私

自身、研究室で経験した。一方、熊本県水俣湾の水俣病、新潟県鹿瀬の新潟水俣病は、工場廃水に含まれる水銀を魚が摂取し、これを常食した人々がいわゆる有機水銀中毒の症状に至った悲劇である。

　また、人体の骨格の主成分は、言うまでもなく 2 価金属のカルシウム (Ca) である。しかし、同じ 2 価金属であるカドミウム (Cd) を摂取すると、これが骨格といわば合金化し、骨が脆くなって少しの運動でもひびが入る。富山県神通川流域のイタイイタイ病はかくして発生した。

　なお欧州連合 (EU) では、毒性金属である鉛 (Pb)、水銀 (Hg)、カドミウム (Cd)、6 価クロム (Cr^{6+}) の使用は禁止とされている。

第3章
さまざまな金属

3.1 アルミニウム

3.1.1 アルミニウムの精製

　アルミニウムは軽量で見た目も良いため、ほとんど純粋な状態でわれわれの日常生活と密接に関わりあっている。各家庭の窓枠、垣根、台所用品と、利用例は枚挙にいとまがない。おそらく、今日では鉄に次いで市民生活にとって重要な金属であると考えられる。

　2021 年現在、世界のアルミニウムの総生産量は年間約 6600 万トンで、そのうちの約 430 万トンが日本で使用されている。航空機、鉄道車両、自動車部品、建築土木材料、飲料缶材、電気機器の部品等への使用はもちろん、新しい利用分野としては風力発電等の新エネルギー用器材としても重要である。しかし、アルミニウムは化学的に活性なので自然界では単体として存在せず、岩石、植物、動物の中に化合物として含有される。最も著名なものは、珪酸塩粘土および水酸化アルミニウムが主成分のボーキサイトである。

　アルミニウムを精製するにあたって、現在では、水酸化アルミニウムを加熱して酸化アルミニウムを作り、これを溶融氷晶石 ($AlF_3 \cdot 3NaF$) に混入させ、電気分解で溶融した金属アルミニウムを汲み出す方法がとられている。このプロセスではまず AlF_3 が電気分解され、陰極に Al、陽極に F がそれぞれ析出するが、F はただちにアルミナと次のように作用し、AlF_3 を再生する。

$$Al_2O_3 + 6F = 2AlF_3 + 3O_2$$

　この電解の際の操業電圧は 5〜6 V、電流は 20000〜30000 A、作用温度は 950 ℃である。このように、金属アルミニウムの精製には多大の工程と電力が必要である。したがって、アルミ製品を大量に使うことは、電力を大量に消費することと等価なのである。

　しかし、リサイクルを行えば新地金生産のおよそ 27 分の 1 のエネルギーで再生される。もちろん純度の点からいえば、再生に伴う劣化は避け

ようもないが、リサイクル運動の徹底は一層求められよう。

3.1.2 アルミニウム合金

　アルミニウムに少量の銅、マグネシウム、亜鉛、マンガン、コバルト等を添加すると、鋳造性や強度が向上する。特に、銅、マグネシウム、マンガン等を添加した合金は、船舶、車両、航空機の構造材として、現在はもちろんのこと、将来にわたって重要な素材である。アルミニウム合金は人間社会の交通手段として欠くべからざるものであると言え、事実、通勤電車に使用されているアルミニウム系車両もかなり多い。

　さて、犯罪に関連する「時効」という言葉があるが、合金にも時効 (aging) という専門用語が用いられる。これは、長期間を経て合金の特性が変化することを示している。マグネシウム–アルミニウム合金は双方が軽い元素であるため、常温でも格子欠陥を介して金属イオンが移動できる。これにより、硬度や強度を維持させるために製造過程でわざわざ組成の濃度にゆらぎをもたせても、時間が経過するとだんだんと均一化し、ついには目的の強度が保持できなくなるのである。

　殺人罪の時効は 2010 年 4 月 27 日をもって廃止となったが、かつては 25 年であった。マグネシウム–アルミニウム合金が時効となるまでの期間は、大体これと同程度である。

3.1.3 材料以外としてのアルミニウム利用

　生理学的な面では、アルミニウム粉末は珪肺病を軽減したり、防止したりする効果がある、といわれている。コロイド状の水酸化アルミニウムは、胃潰瘍などの治療薬としても利用されている。

　また、アルミニウム金属精錬のための原材料であるアルミニウム酸化物は、別の面から見ると、宝石なのである。ルビー（紅）、サファイア（藍）、オリエンタルトパーズ（黄色）、オリエンタルアメジスト（紫）等は皆結晶アルミナで、それぞれ、酸化クロム、酸化コバルト、酸化鉄、酸化クロム＋酸化コバルトが微量添加されたものである。現在、これらは全部人工的に製造できる。天然の宝石の削り屑を加熱溶融した半人工宝石も多いと聞くので、購入するときは注意するとよい。

3.1.4　アルミニウムによるエネルギー生成

　アルミニウムは、エネルギーの生成にも用いられる。年配者にとっては忌まわしい記憶であるが、第二次大戦中、日本の多くの都市に焼夷弾が降り注いだ。その多くは、マグネシウムとアルミニウムの粉末に酸化剤を加えて燃焼させる、テルミット反応を用いたものであった。

　この忌まわしい戦犯金属たちも、平和時にはそれ相応の役割をもつ。金属と酸素の燃焼は、石油と酸素の燃焼や水素と酸素の燃焼よりも発熱量が格段に大きく、重量も軽い。近年、都市ごみや工場の廃棄物焼却炉から排出する焼却灰、廃棄物として規制された集塵灰（飛灰）の処理に、テルミット法を用いた溶融による灰の処理システムが利用されている。

　また将来、宇宙ロケットの燃料にアルミニウム粉末が使用されるかもしれない。この場合、アルミ燃料 1 kg に対し 0.9 kg の酸素だけで、7040 kcal もの熱を発生させることができる。水素と酸素を用いる場合は、水素が 1 kg に対し酸素は 8 kg 必要で、そのうえ発生熱量も 3000 kcal ほどである。

3.2　貴金属

3.2.1　銅の精練

　青銅器文明の発達は、銅そのものが天然に遊離した金属状態として発見されたことから始まったのであろう。今日では、その優れた電気伝導性のゆえに、銅線が電線としてあらゆるところで広く使用されているのは、周知の通りである。現在、世界の銅の生産量は年間 2400 万トンに近い。日本でも年間約 70 万トン生産しているが、不足分は南米や北米から輸入し、年間約 100 万トンを主として電線に使用している。

　日本の主な銅鉱石は黄銅鉱 ($CuFeS_2$) である。その精練法を以下に述べる。鉱石を約 600 ℃に加熱すると、

$$2CuFeS_2 + 6O_2 = Cu_2O + Fe_2O_3 + SO_2$$

となる。これに新たな鉱石とコークスを加えて別の炉へ移し、空気（酸素が必要）を吹き込みつつ高温加熱すると、次のような反応が同時に起こる。

$$2C+O_2=2CO$$

$$Cu_2O+CO=2Cu+CO_2$$

$$2Cu+Fe_2S_3=Cu_2S+2FeS$$

$$3Cu_2O+Fe_2S_3=3Cu_2S+Fe_2O_3$$

生じた Fe_2O_3 を溶融しやすい珪酸鉄にさせて取り除くと、Cu_2S と FeS が残る。これを高温加熱して空気を吹き込むと、硫化鉄が酸化鉄となるので、同様にして除去する。あとは次のような反応で銅が得られる。

$$2CuO+Cu_2S=4Cu+SO_2$$

3.2.2 銀の精錬、金の採取

銀は、写真のフイルムや鏡の原料として重要な金属である。銀の鉱石には硫化物 (Ag_2S) が多い。硫化物を塩化第二銅の溶液に混入させると、次のような反応から、塩化銀が沈殿する。

$$Ag_2S+2CuCl_2=2CuCl+2AgCl+S$$

この塩化銀を水銀とよく混ぜると、アマルガム（水銀と銀の合金）が析出する。これを加熱して水銀を蒸発させれば、純銀が得られる。

一方、金は化合物として存在するわけでないので、金鉱石を細粉して洗い流せば、純金が残る。また、方鉛鉱から鉛を採る際に金、銀が含まれているので、これを採取する場合もある。将来は、海水から微量の金を選択

的に採取する画期的方法が見つかるかもしれない。

3.2.3　触媒や電導の接点としての貴金属

プラチナ (Pt) は南米で発見され、銀に似ていたので「小さな銀」と名づけられた。金や銀と同様に古くから貴金属として装飾用に用いられてきたが、かつては銀よりも安価で、スペインではプラチナと金と混ぜた偽造金が作られていた。驚いたスペイン政府は、国内のプラチナを全部海中に投棄させたという。

現在では、プラチナは実験室用、化学工業用のあらゆる容器、装置材料として使用される。また、もちろん化学工業用の触媒としても非常に重要である。ここでは例として、同じ白金族であるロジウム (Rh) が触媒となって、車の排気ガスである一酸化炭素と窒素酸化物を炭酸ガスと窒素ガスに変換する様子を、図 3.1 に紹介する。

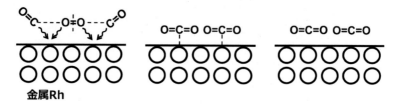

図 3.1　ロジウムが触媒となって一酸化炭素を炭酸ガス化する様子

この図は、ロジウムの表面が適当な温度で触媒作用を行う様子を模式的に示したものであるが、ロジウム表面で一様に反応が行われることから、このロジウムを均質触媒 (heterogeneous catalysis) という。

触媒反応は表面積が広いほど有効に起こるので、ロジウム金属表面を多く作る必要がある。そのためには、粉末状のロジウム金属を型に入れて軽くプレスした塊を作ればよい。しかし、白金族の金属は鉄やニッケルとともに地球の中心近くに集まっており、地表には一部分しか存在しない。したがって、比較的安価である程度の量が存在するパラジウム (Pd) の利用が、将来有望である。

金もまた、ある種の化学反応の触媒として働く。その一つは $O+O \rightarrow O_2$ の触媒反応である。成層圏では、酸素が原子単体として存在するので、将来の成層圏飛行にあたって、もし飛行機の外側を金で覆えば、酸素原子が分子になり、それが燃料になるかもしれない（実現の可能性はほとんどないが、原理的には間違いでない）。

コラム：銀の特異な性質

銀の器に入れた水が腐敗しないことは昔から知られており、それゆえに教会の儀式に用いる聖水の容器として使用されてきました。その水は、胃腸病の予防にもなりました。

また、古代エジプトの時代には、傷口に銀板をあてると、化膿せず速く治ることも知られていました。銀は微量ながら水に溶解し、この溶液が水中の微生物を殺滅させるからです。

ちまたでは金粉入りのお茶をありがたく飲むことがありますが、科学的には金粉よりも銀粉が適当です。

3.3　亜鉛、鉛、その他

3.3.1　亜鉛

金属亜鉛の世界の年間総生産量は1400万トン以上と言われている。日本でも、最盛期には、生産量が60万トンを超えていたが、現在はほとんどが輸入である。

その主たる原料は閃亜鉛鉱 (ZnS) で、鉱石を粉砕し浮遊選鉱法で選別した後、高温で空気を送り込むと、一部が酸化されて ZnO ができる。さらに、

$$ZnS+2ZnO=3Zn+SO_2$$

の反応によって Zn が生産される。

亜鉛はイオン化傾向が大きいので、腐食されやすい環境に鉄と一緒に置

くと、亜鉛のほうが速く侵され、鉄の防食になる。これが鉄板上に亜鉛をメッキしたり、鉄板を亜鉛で被覆したりする理由であり、現在の亜鉛の最大用途である。そのほかにも、亜鉛は多くの家庭用金具、機器に使用される。また、亜鉛化合物の利用は、磁気、化粧品、医薬品（収斂剤、止血剤、催吐剤、インシュリン製造など）、塗料、防腐材、化学工業等々、枚挙にいとまがない。さらに、真鍮は亜鉛と銅との合金で、我々にとてもなじみの深い金属である。

3.3.2　鉛

鉛は鉄、銅、アルミニウム、亜鉛に次いで世界で最も多く使われている金属である。その生産法は主として方鉛鉱 (PbS) を加熱、一部酸化させて PbO をつくり、

$$PbS+2PbO=3Pb+SO_2$$

の反応によって生産される。

鉛の主な用途は、自動車に搭載する蓄電池である。そのほか、アンチモンを 1 ％加えた合金が電話ケーブルの外装に用いられている。また、X 線やガンマ線をよく吸収するので、その遮蔽物体として鉛金属そのものや鉛ガラスが使用される。ハードボイルドの観点からいえば、鉛は銃弾の原料でもある。

我が国でかつて鉛や亜鉛の鉱石採掘された所としては富山県の神岡鉱山があり、イタイイタイ病の原因として知られている神通川のカドミウム汚染は、神岡鉱山からの垂れ流しによるものである。閉山後には宇宙線観測やニュートリノの検出実験で有名なカミオカンデが設置され、宇宙線、ニュートリノ研究のメッカとなっている。

3.3.3　金属資源の可採年数と再利用

金属の回収・再利用は、金属資源の可採年数が推定されるようになってから、より声高に叫ばれている。可採年数は、世界の主な金属鉱石の推定採掘可能量を年間使用量で割れば推定できる。ただし、毎年採掘可能量が

上昇する場合が多く、10年経過しても推定採掘可能量が変化しない金属も存在する。実際、20年前の推定採掘可能量が、鉛22年、錫23年、銀30年、金31年、亜鉛41年、銅53年、ニッケル129年、鉄鉱石232年、ボーキサイト233年ということであったが、2020年の今日でも、鉛24年、錫26年、銀14年、金17年、亜鉛23年、銅36年、ニッケル46年等々である、と言われている。

　いずれにしても、なくなったらどうなるかと考えるとぞっとするが、スクラップの再利用と今後の採鉱技術の進歩に伴い、実質利用年数を上記の可採年数の数倍にできるようになるかもしれない。

3.3.4　使用済みプラスチックの製鉄への利用

　スクラップは金属ばかりではない。国内で発生する使用済みプラスチックは全部で年間約950万トンにのぼり、その内の34％が埋め立てられている。残りは焼却処分されており、その内、半分強が発電および熱利用されている。そこで、使用済みプラスチックを製鉄用高炉の還元剤として代替利用することが考えられている。

　16000トンの鉄鉱石、4000トンのコークス、1000トンの微粉炭から、10000トンの銑鉄が生産される。このとき、コークスや微粉炭を送り込む高炉の入口の部分で、炭酸ガスが生成される。

$$C + O \rightarrow CO_2$$

このとき発生する熱量の温度は、2000 ℃以上に達する。入口から離れた高炉の内部では酸素がなくなり、生成された炭酸ガスがコークスと反応してCOが生成される。

$$C + CO_2 \rightarrow 2CO$$

一方、プラスチックを還元剤として使用すると、COとH_2に分解される。つまり、両者の反応は、

$$Fe_2O_3+3CO \rightarrow 2Fe+3CO_2 \text{（コークス、微粉炭）}$$

$$Fe_2O_3+2CO+H_2 \rightarrow 2Fe+2CO_2+H_2O \text{（プラスチック）}$$

となる。

　プラスチックは多様化しているので、代替利用のためにはそれに適合したプラスチックの選別が必要になる。この問題を解決するため、いろいろな技術の開発が進められている。

3.4　合金

3.4.1　合金とは何か？

　金属の歴史の中で見られるように、人間社会では古くから金属単体の利用とともに合金を作成し、これを使用してきた。その始まりとして、銅と錫の合金である青銅器が挙げられる。貨幣にも金と銀の合金を用いる場合があり、鋼も鉄と炭素の合金といえる。

合金を作る

　合金を作成する目的は、単体の金属よりも用途に適した材料を生み出すことにある。青銅の場合は、色彩、普通の環境下での安定性、硬さ等の諸点で、銅単体よりもはるかに優れている。

　合金は、人間が初めから優れた性質を求めて作ったものではなく、偶然の所産であったのかもしれない。しかし、ひとたび合金が単体の金属よりも優れた性質をもつことを認識した人々は、多くの合金作成を試みたであろう。その経緯が、必然的に合金の物理学、化学へと発展してきた。

　それでは合金とは何か？　この質問に対して画一的な回答はできない。たとえば銀と銅の合金を顕微鏡でのぞくと、両成分の微結晶がおのおの微粒子状になって入り乱れている。また、アンチモンと鉛の合金の場合は、それぞれの結晶がモザイク状になって入り乱れている。これらの合金は溶融状態では完全に溶け合うが、結晶状態では分離する。中には鉄と鉛のよ

うに、溶融状態でも混じらない系もある。このような金属から強制的に
合金を作るにあたっては、双方を粉末にして混ぜ、焼結する方法がとられる。

固溶体

　さて、上記は2つの成分が単に混合しているだけの合金である。これに
対し、たとえば銅とニッケルは、どんな組成の割合でも完全に溶け合う。
この完全に溶け合った（原子レベルで混ざった）合金の状態を固溶体とい
う。これを形成するには、2つの元素の原子半径の差が15％以内である
こと、両者の結晶形が同じであること、さらに価電子の構造が類似してい
ること、という3つの条件が必要である。

　これに対し、2つの元素の原子半径に大きな差がある場合、小さい原子
は大きい原子の格子の隙間に入る。その一例が、鉄の隙間に炭素が入る合
金、すなわち鋼である。これらは侵入型固溶体と呼ばれる。ちなみに前者
は置換型固溶体という（図3.2）。

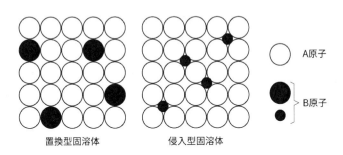

置換型固溶体　　　　侵入型固溶体

図 3.2　　置換型固溶体と侵入型固溶体

　また、固溶体ではあるが、温度の変化と共に結晶に周期性が存在するも
のを規則化合金という。さらに、この周期性が乱れて不規則化する置換型
変態も存在する。これは Au_3Cu 合金で見られる。

　一般に固溶体は軟らかく、塑性（延びる性質）と靭性（しなやかな性
質）に富んでいる。ステンレス鋼や真鍮がそれにあたる。それに反し、ガ
リウム–砒素、ガリウム–アンチモンのような純粋の金属間化合物は、硬

く脆い。

3.4.2　金属の状態図

　金属 A と金属 B の温度を上げて溶融し、合金が作られたとしよう。その組成変化と温度変化の関係を示したものを状態図という。この状態図に示される冷却後合金の結晶組織は、次の 3 つに大別される。

　①全率固溶体系合金

　　金属 A と B の結晶構造が同一のとき、A-B 合金がその結晶構造をもち格子間距離だけが変化するものを、全率固溶体系合金という（図3.3）。

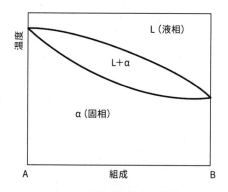

図 3.3　全率固溶体系合金の状態図例

　②共晶系合金

　　金属 A と B の結晶構造が同一でないとき、A に少量の B を加えても A の結晶構造をもつ相を α 相と言い、逆に B に少量の A を加えても結晶構造が B である相を β 相と言うとき、A-B 合金のその他の組成では、(α+β) の状態の相になる。これを共晶系合金という（図3.4）。

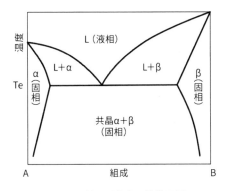

図3.4 共晶系合金の状態図例

③金属間化合物を含む合金

金属 A と B を混ぜてできる、成分金属とは異なる結晶構造や物理・化学的性質をもつ A_nB_m（n および m はある整数）を金属間化合物という。任意の組成の A-B 合金で、A_nB_m ＋ A（もしくは B）となる合金を意味する。

鉄に少量の炭素（6 ％以下）を混入させると、温度と炭素濃度によって α、γ、δ 相に変化し、面心立方格子や体心立方格子構造、セメンタイト (Fe₃C) 等の複雑な状態図が出現する。詳しく知りたい人は、インターネットで「鉄の状態図」を検索するとよい。

3.4.3　鉄合金

現代の文明の基礎は、言うまでもなく、種々の目的に沿った鉄合金に多くを依存している。事実、19 世紀末では年間鉄生産量が約 50 万トンであったものが、現在では年間 20 億トン以上ともいわれている。

炭素含有量が多い鉄を鋳鉄といい、その組織は炭素が薄い片状黒鉛になっており、強度に劣る。炭素が球状化黒鉛になれば強度が大幅に向上するので、エンジニアはその研究に情熱を注いでおり、現在では少量のマグネシウムやセリウムを添加している。

また、鋼のいろいろな性質を強化するために、様々な元素が添加され

る。タングステン、ハフニウムは硬度、タングステン、モリブデン、タンタルは耐熱性、ニッケルはねばり、珪素は弾性、クロムは耐酸化性、マンガンは耐摩耗性に良い影響を与える。クロム (Cr)18 %、ニッケル (Ni)8 %、残りが鉄の 18-8 ステンレス鋼は、海水中でもさびない。逆に硫黄は、微量でも高温強度を著しく低下させる。

　いずれにしても、高温でも強度の高い鉄合金を作るためには、上記のような元素を添加して鉄の変態（高温で軟らかくなる）を防ぐ必要がある。そのためには、転位のすべり運動を防止する、結晶粒界にのりづけの役割を果たす微細な金属間化合物があればよい。このようにして、昨今の技術者は 5000〜6000 ℃に耐える強い合金材料を夢見ている。

　どんな性質の鉄合金がどのようなところに使用されているかを、表 3.1 に示す。

表 3.1　鉄合金の性質と用途

	性質	用途	合金の例
A	変形しやすく（成形しやすく軟らかい）かつ切削可能	自動車の車体	古くは Pb を添加していたが、最近では Mn, S を添加している
B	変形しにくい（重いものを吊り下げられる）	吊り橋 (若戸大橋)、橋梁、建築用鉄骨(国会議事堂)	
C	容易に磁化する	変圧器、モーター	1914年：Fe-Co-Cr-W (KS鋼) 1931年：Fe-Ni-Al (MK鋼) 1970年：$SmCo_5$ 1982年：$Nd_2Fe_{14}B$ (MK鋼の10倍の磁力)
D	磁化しない	リニアーモーター	
E	錆びない		Fe-Cr (8) -Ni (18)(18-8 ステンレス鋼)
F	熱に耐える	ボイラー	0.5Cr-0.5Mo-1V
G	熱膨張しない	高速増殖炉、テレビのブラウン管	2.25Cr-1Mo
H	音を吸収する	エンジンの台、ガスタービン等	54.25% Mn、37% Cu、4.25% Al、3% Fe、1.5% Ni
I	接合しやすい	船体等溶接用鋼板	
J	摩耗に耐える	鉄道のレール	

　なお、鉄合金ではないが、釣り鐘は美しい音（いろいろな振動音とその

倍音の混ざった）を出すように考えられている。なにしろ、108 の煩悩を消さなければならないので。

コラム：水銀は金に転換できるか？ ——長岡半太郎博士の夢

　高名な学者のアイデアがいつも有用とは限らない例の一つとして、100年ほど前の話ですが、世界に名だたる核物理学者である長岡半太郎博士のエピソードを思い出します。彼は水銀と金の原子番号が隣り合わせであり、水銀の原子核から陽子を 1 個取り除けば金であることに着目しました。そして、優秀なお弟子さん達数名に水銀の放電実験を命じました。結果は実験に従事した研究者が水銀中毒になりかけただけであった、とまことしやかに伝えられています。

3.4.4　磁石

　天然の磁石として磁鉄鉱が発見されたのは、おそらく紀元前数世紀の頃であろう。その後 1000 年頃、磁石がいつも南を指向することが発見され、航海に用いられるようになった。1700 年頃に鋼鉄による人工の磁石が作成され、1800 年代には電流と磁気作用との関係が明らかになった。

　ではなぜ、鋼鉄が磁石の働きをするのであろうか？　電磁気学によれば、ある電子が円運動のような回転運動や、フィギュアスケートのスピンのような自転運動をすると、ちょうどその場所に磁石を置いたときと同等の磁場が発生する。言い換えると、磁場もしくは磁力線の発生の根源は、電子の回転や自転の運動による。鉄族原子は、内殻に 3d 軌道と呼ばれる電子が数個あり、その電子の自転方向が揃った状態になると、強磁性＝強い磁気的性質（磁石）を示す（図 3.5）。

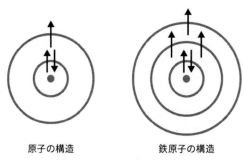

原子の構造　　　　　　　鉄原子の構造

図 3.5　鉄原子の磁性

　強い永久磁石を発明することは、研究者、技術者の一つの夢であった。本多光太郎はこれに挑戦し、Fe-Co-W を主体にした KS 鋼と呼ばれる有名な磁石を発明した。その後、三島徳七が Fe-C-Al を主体にした MK 鋼を発明した。今では 2000 kg 以上の鉄材や鉄スクラップ（廃車となった自動車）等を楽々と牽引できる電磁石もよく見かける。

3.4.5　ガリウムの不思議

　今日の IT（情報技術）革命時代では、コンピューターは最も重要な電子機器である。コンピューターの心臓部である大集積回路には、シリコンやガリウム砒素 (GaAs) が使用されている。このガリウム砒素は、周期表から分かるように、ゲルマニウム (Ge) を挟んでいる。つまり、ガリウム砒素はゲルマニウムの代わりをする半導体なのである。

　ガリウムと砒素は、それぞれの単体で見ればなんの役にも立たない。ガリウム単体は、学問的見地では興味のある対象ではあるものの、融点が 30 ℃近傍の用途のない金属である。また、砒素は昔「ねこいらず」と呼ばれ、殺鼠剤に用いられただけであった。あるいは砒素中毒殺人事件などという物騒な話もあり、推理小説のありがたくない材料になるくらいであると思われていた。その役に立ちそうにないガリウムと砒素がひとたび合金になると、きわめて有用な半導体材料になるのだから不思議なものである。

　もう一つ例を挙げよう。2.4 節で説明したが、色彩の根源とも言うべき

光の三原色、すなわち、赤、緑、青の取り合わせから、7色の色彩が得られる。赤と緑を発色させる発光ダイオードは容易に作られていたが、青色を発光するダイオードはなかなか成功しなかった。ノーベル物理学賞を受賞した中村修二が渡米前にこれを成功させたが、そのダイオードには半導体に属する窒化ガリウム (GaN) の使用にあった。

コラム：ガリウムの不思議な性質

昭和30年代にはガリウムは輸入でしか手に入らず、純度の良いものは1gが1万円でした（当時、金は1gあたり3000円で、一番安価な18金の指輪が大体1g）。ガリウムは融点が約30 ℃なので、お湯の中で容易に液化します。この溶融したガリウムをビーカーに入れて冷たい（つまり、30 ℃以下の）水を注いだところ、なかなか固化しません。そこで冷蔵庫に入れてみたのですが、数日経過した後でも相変わらず溶けたままで、激しくかき混ぜたら、ようやく固化しました。

この特異な過冷却現象は、液体の場合は最隣接間距離の近傍でかなり立方体構造に近いのに対し、固体の場合は結晶の方向に異方性があるためです。つまり、固まろうとしているガリウム原子がなかなか自分のもつ固体の構造をとれないため、融解の潜熱を放出することができず、温度がガリウムの融点よりもどんどん下がっているのに固化できないでいることになります。無機質な金属であるガリウムが自分の過去（いや固化でした）の状態を知っているなんて、面白いことです。

3.5 世紀をつなぐ新しい金属・合金

これまでは主として金属や合金そのものについて話を進めてきた。以下では将来有望な種々の金属材料や複合材料について述べよう。

3.5.1 チタン材料

チタンは鉄の重さの半分ちょっとの軽さである上、強く錆びない金属である。また、硫酸、硝酸、塩酸や王水（1升三円で買える＝1硝3塩）に

も耐える。比重はアルミニウムの 1.4 倍であるが、強度は 6 倍であるう
え、融点も 1680 ℃と高い。そのため、最近は航空機の部品、高級建材、
船舶、はてはゴルフ用クラブ等にも使用されている。安価な鉄合金系に対
して高価なチタン合金系といった感じはあるものの、強度や耐食性に勝れ
ているし、形状記憶合金としての金属素材としてだけでなく、日常繊維製
品などにも多く使用されており、需要が拡大されつつある。

3.5.2　鉄筋コンクリート

　1849 年、フランスの庭師モニエ (J. Monier) は重くて壊れやすいコン
クリート製の植木鉢の改良を試み、金網にセメントを流して補強すること
を思いついた。その結果、植木鉢はとても強固になった。これが鉄筋コン
クリートの誕生であると言われている。材料を組み合わせて互いの長所を
生かし合う複合材料の一つであり、空気の泡をたくさん固溶した発泡金属
も、その一種である。

3.5.3　形状記憶合金

　音をよく吸収する金属は、外から加えられた振動のエネルギーを吸収し
熱エネルギーに変換するのであるが、地震による振動を吸収するのも同じ
機構による。その目的で 1950 年代に研究が始まった Ti-Ni 合金には、奇
妙な性質があることが判明した。それが今日知られている形状記憶合金で
ある。

　形状記憶合金とは、室温である形状の合金を変形した後、加熱（合金の
種類によって 70〜80 ℃から数百度まで異なる）すると、元の形状に復元
するという性質をもつ。理論的には、加熱によって合金の構造が変態を生
じ、そのとき点欠陥（あるべき格子点に原子がない）が再配列をして元の
欠陥配列になる、つまり元の構造になる（図 3.6）。今では免震、つまり耐
震性の合金として重要な素材である。

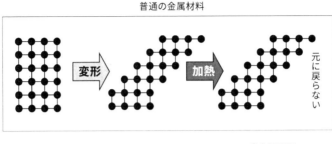

普通の金属材料

変形　加熱　元に戻らない

●金属の原子

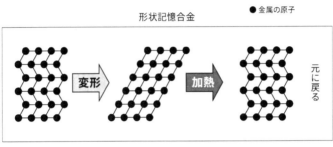

形状記憶合金

変形　加熱　元に戻る

図 3.6　形状記憶合金

3.5.4　水素吸蔵合金

　貴金属の部類であるパラジウム (Pd) を電極にして酸性電解質溶液を電気分解すると、陰極のパラジウムは重さを増す。これは電気分解で陰極に集まった水素イオンが放電して水素原子となり、そのままパラジウムに吸収されるためである。すなわち、ある種の金属や合金は水素を吸収する。

　金属が水素を吸収できるということは、小さい容器（金属のこと）に多量の水素を貯蔵できるということであり、酸素-水素燃料電池等のクリーンエネルギーの開発には必要不可欠である。これが金属-水素系といわれる研究分野が脚光を浴びることの起こりだった。

　その後 $LaNi_5$ の水素吸蔵の性質が実用化され、Ni-水素電池に利用されている。今では 1 モルの合金で数モルの水素吸収が可能な系もあり、特に $Mg_{0.5}Y_{0.5}Ni_2$-水素系は室温で水素を放出する優れた性質をもつ。Mg も 7.6 モルの水素を吸収できるが、放出温度が 300 ℃以上なので、ちょっと使いにくい。一方、アモルファス合金の Mg_2Ni は 2.2 モルの水素を吸

収し、放出温度も 100 ℃であることから、実用化が期待される。

　なお、もちろん多くの金属や合金は、水素だけでなく化合物の形で酸素、窒素等のガスをも吸収する。

3.5.5　水素脆性

　金属が水素を吸蔵することは上記のようにありがたいことではあるが、実はこの性質は諸刃の剣となる。たとえば、高炭素鋼でできた高張力ばね線を酸洗いしてぴかぴかにしても、肉眼で見えないにもかかわらず、その酸洗いが原子状の水素を発生させ、それが金属中に吸蔵されて結晶内の空孔や結晶粒界に蓄積し、強度を著しく低下させ、ついにほんの少しの外力でも破壊されてしまうようになる。これを水素脆性という。

　では、LaNi5 合金を鉄の容器に入れておくとどうなるか？　鉄の水素固溶度は非常に小さく、観測するのは難しいが、それでも鉄内において原子状で拡散する。すると、この水素は結晶粒界や空孔に蓄積され、容器が脆くなり、割れてしまうのである。

　したがって、水素吸蔵合金を収容する容器の内側には、水素が入り込まぬようにテフロン加工のような防止策を講じなければならない。大量に使用しない場合は、鉄合金の代わりにレニウム–タングステン合金等を用いる。大量使用する場合には、バナジウム等を加えて鋼の結晶粒を微細化し、水素原子が内部に浸入しないようにする。

　ついでに普通の金属脆性についても説明しよう。金属は一般に低温にすると延性が減少し、脆くなる。これにより衝撃に対する抵抗力が減少し、破壊が生ずる。これを低温脆性といい、脆くなる温度は物質によって異なる。しかし幸いにも、ステンレスやアルミニウムには低温脆性が認められないので、例えば液化メタン（− 163 ℃）や液体ヘリウムの貯蔵および運搬容器に用いることができる。

3.5.6　アモルファス

　金属を溶融状態から急冷すると、原子が液体状態のように乱れた配列のまま固化する。これを非晶質とかアモルファスといい、金属や合金の多くはこの状態にすることができる（図3.7）。アモルファスの特徴は、原子配

列が結晶と異なり一様のため、強度が増加することである。特に実用化されている材料として、アルミニウム系強化合金が知られている。

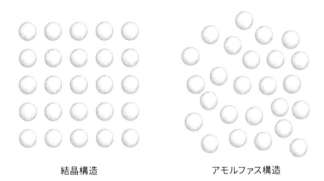

結晶構造 アモルファス構造

図 3.7 結晶構造とアモルファス構造の比較

3.5.7 傾斜機能金属・合金

たとえば金属チタンと酸素とは、組成が連続的に変化す化合物を形成する。TiO は金色に輝き、金属状態の性質（もちろん純チタンのそれとは異なる）をもつ。また TiO_2 はイオン結晶として存在し、人造宝石の一種でもある。最近では、酸化の度合いでチタンがいろいろな色彩をもつことに着眼して、鍍金屋（メッキ屋）の手で美しいカラフルな装飾品の作成が行われつつあるという。

さて、チタンの厚板を用意し、人工的に片側は金属チタンの状態を保持し、反対側は酸化させて酸化チタンにするとしよう。当然その間の状態は、酸素の組成が断続的に変化することになる。このような合金を傾斜機能合金といい、プラント用材として利用されている。

一方が金属や合金で、他方をそれらの酸化物、炭化物、窒化物等セラミックスにした傾斜機能材料を作成して、低温側を金属、高温側をセラミックスとして使用すると、セラミックスの熱伝導は金属のそれよりも格段に低いので、自動的に断熱材の役割を果たすのである。これは建築用断熱材に応用されていることに気付くであろう。

第**4**章

金属とエネルギー

4.1　超伝導

4.1.1　超伝導とは

　金属の温度を下げてゆくと、電気伝導性が良くなる。1911 年に、ライデン大学のカマリン・オンネス (Kamerlingh Onnes) は低温における Hg の電気抵抗を調べていたが、4 K 以下になると突然電気抵抗がゼロになることを発見した。これが超伝導状態である。

　その後、超伝導状態下における金属の磁気的性質や熱的性質等を調べる実験が行われ、それらの結果から、超伝導状態は、電気伝導に関与する伝導電子と金属の構成イオンとが相互作用する特別な状態であることが判明した。そして 1957 年に、ようやく微視的見地に基づいた超伝導の理論的解明がなされた。その理論は、研究に従事した 3 人の名前の頭文字をとって BCS 理論と呼ばれている。彼らはもちろんノーベル物理学賞に輝いている。

4.1.2　超伝導物質 MgB_2 合金

　2001 年に、青山学院大学の秋光純研究室で MgB_2 合金の電気抵抗を測定していたところ、偶然にこれが超伝導になることを発見した。MgB_2 合金が超伝導状態にある温度範囲は 35〜39 K であり、それまでに知られていた超伝導金属・合金の最高温度が 29 K 前後だったことを考えると、画期的な発見といってよい。今日では、MgB_2 合金は実用的な超伝導材料として用いられている。

　酸化物系超伝導物質の超伝導転移温度は MgB_2 合金よりさらに高いが、電線やケーブルなどの導線作成（このための基礎的な物性値は未知ではあるが）や許容電流密度の観点などの実用性から考えれば、この MgB_2 合金に勝る物質は今のところ見当たらない。この合金も、それぞれの成分元素はある程度の有用性はもつものの、単独では決して宝物にはなり得ない物質である。

4.1.3 超伝導の利用

　超伝導磁石を用いるリニアモーターカーは、40 年ほど前から山梨県で走行実験が繰り返されている。時速 500 km の高速安定を目指す次世代の超高速鉄道システムで、東京–大阪間の所要時間が 30 分であるという。

　また、リング状の超伝導状態の金属に電気を流すと、電気抵抗がないため電気が流れ続ける。実際、マサチューセッツ工科大で実験を行ったところ、1 年以上流れ続いたという。この性質を利用した電力貯蔵が試みられているものの、まだ実現には至っていない。

4.2　原子力発電

4.2.1 我が国の原子力発電の現状

　2011 年 3 月 11 日 14 時 46 分、巨大地震が東北地方を襲った。震源地は三陸沖の太平洋海底下で、地震の大きさを示すマグニチュードは、これまで前例のない 9.0 であった。これにより東北南部地方を中心に多大な被害がもたらされ、東日本大震災と名付けられた。

　震災被害の中で未だに回復の目処が立たないのが、地震直後の大津波によってもたらされた東京電力福島第一原子力発電所の事故である。この未曾有の大事故により、我が国のすべての原子力発電所は、安全性の再点検のためだけでなく国民感情によって、いったん運転中止となった。しかしながら、国内の産業維持発展ならびに鉄道をはじめとする輸送・交通等、公共的に必要な電力だけでなく、国民に必要な生活必需品を販売する中小規模の店舗、そして各家庭に供給されている電力のすべてを賄うためには、水力発電および石油・石炭電力だけでは、不十分であることは言うまでもない。

　現時点では、脱炭素を標榜した風力発電や太陽光発電で賄うことができる電力量は、必要量の数パーセントに過ぎない。となれば、安全であることが専門家によって確証され、さらの地域住民の賛同が得られる原子力発電は、当分の間、必要不可欠である。このような状況下で、2021 年 4 月

現在運転が遂行されている原子力発電は、関西電力の大飯 4 号機と高浜 3 号機・4 号機、九州電力の玄海 3 号機・4 号機、および川内 1・2 号機のみであるが、近い将来その機数は増加するであろう。

　以下では、原子力発電に伴う学術的問題点や、過去の事故の学術的由来について議論したい。

4.2.2　原子力エネルギーの発見

　1938 年末、ドイツのオットー・ハーン (Otto Harn) とフリッツ・シュトラスマン (Fritz Strassman) は、ウラン 235 に中性子をあてると、2 種類の原子核、たとえばバリウムとクリプトン、ブロームとランタンのように分裂し（核分裂）、さらにこのとき数個の中性子と大きなエネルギーを放出することを発見した（図 4.1）。このエネルギーが原子力である。ちょうど第二次世界大戦前夜であったことが、不幸にも原子力の平和利用よりも原子爆弾の製造を促進させた。

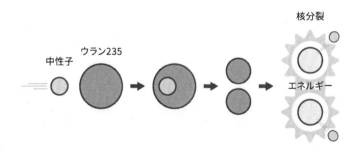

図 4.1　ウラン 235 の核分裂

　天然ウランに含まれるのは質量数が 238 のウラン 238 がほとんどで、ウラン 235 はわずか 0.716 ％しか含まれていない。このウラン 235 の濃度を高めると、上記で説明した核分裂の連鎖反応が起こり大きなエネルギーが生み出され、核爆発となる。原子力発電では、もちろんウラン 235 と一緒に 238 も燃やすので、発生した中性子の一部はウラン 238 に吸収され、ウラン 238 はプルトニウムの原子核に変換される。このプルトニ

ウムはウラン 235 と同様に核分裂をおこすので、これが再利用の核燃料となり、今日のプルサーマルと呼ばれる方式へとつながる。

　さて、純粋のウランは鉄鋼と変わりないような外観で、鉄の 2.5 倍の重さをもつ。しかし、室温で水と反応し、加熱すると燃える。また、他の金属と合金化し、非金属元素とは容易に化合物を形成するので、燃料用ウランは、腐食を防ぐためにアルミニウムやジルコニウムで被覆される。662 ℃で変態し体積が大きく変化するため、原子力発電においては、燃料棒を破損させないようこの温度以下で原子炉を運転する必要がある。なお、プルトニウムもウランと同様に変態する「カメレオン金属」である。

4.2.3　高速増殖炉もんじゅの事故

　1995 年に高速増殖炉もんじゅが液体ナトリウム漏洩事故を起こし、大きな非難が集中したことは、記憶に残っている読者も多いであろう。

事故の原因

　高速増殖炉は、プルサーマル方式をさらに発展させて、核燃料を燃やせば燃やすほど核燃料が増殖される仕組みの原子炉である。将来の原子力発電の花形として出発したはずであるのに、なぜあのような事故が発生したのか。理由はすでに明らかになっている。熱エネルギー交換のために用いられていた液体ナトリウムの導管内部で、温度を測定していた部分に亀裂が入り、液体ナトリウムが漏れ出したからである。

　温度計の差込個所については、はっきり言って設計ミスである。温度計を液体ナトリウムの流れる方向と直角に差し込むと、温度計が慣性抵抗を受ける。すると慣性抵抗と温度計自身の弾性復元力とで温度計が絶えず振り子振動をすることになり、長期間の経過で温度計の差し込み個所が金属疲労を起こし、亀裂が入ったのである。

液体ナトリウムの性質

　もんじゅでは増殖炉内で発生する熱エネルギーを液体ナトリウムに吸収させ、導管内の高温になった液体ナトリウムと導管外の水とで熱交換し、その結果発生する水蒸気でタービンを回して電力に変換していた。ではな

ぜ液体ナトリウムが使用されていたのだろうか？

　導管内部に入れる液体の条件としては、以下が挙げられる。

　①熱伝導が良いこと、
　②軽くて熱容量が大きいこと、
　③液体状態にある温度が低いこと、
　④増殖炉内で中性子照射を受けても液体の性質が変化しないこと

　① の条件を満たす最適なものは金属である。常温以上では、物質の熱容量はデューロン‒プティー (Dulong‒Petit) の法則があり、1 モル当たりの比熱はおおよそ 6 cal/deg で与えられるため、② の条件を満たすには軽い元素であるほど良いことになる。③ の条件を満たす金属、例えば 300 ℃以下で液体となる金属としては、Li、Na、K、Ga、Zn、Sn、Bi およびそれらの合金が挙げられる。このように、① から ④ までの条件を全部満足し、かつ安価なものと考えると、必然的に液体ナトリウムを使用することになる。

　ただし、液体ナトリウムは水と激しく反応する。ステンレスとはまったく反応しないので、ステンレス管にしっかりと封入されていればなんの問題もないが、温度を測定するための温度計挿入個所では、受ける慣性抵抗を最小限にする工夫が必要であった。いつも念頭におくべきことは、金属は条件によって疲労するという基本原則を忘れないことであろう。

4.2.4　美浜原発の事故

　2004 年 8 月、福井県美浜原発で、高温高圧水の飛散により死傷者 10 数名という痛ましい事故が発生した。肉厚 10 mm の鋼鉄製配管内部が、28 年間という長期にわたる 140 ℃・10 気圧の高温高圧水流に耐えられず、エロージョン・コロージョン (Erosion‒Corrosion) による減肉現象を起こしたのである。その結果、ついに破断し、熱水放出による人身事故となった。

　「点滴石を穿つ」という言葉があるように、水のような流体といえども、配管内部の金属面に直接ぶつかるような水流の乱れがあれば、長い間に配管表面を穿つことになる。特に高温高圧下における水蒸気流は活性が

大きいことを知っておく必要がある。年に最大 1 mm の減肉が進行する
という。この事故の教訓は、金属といえども長期間外力を加え続けると破
損するということである。原発事故はもちろんのこと、飛行機の機体疲労
事故などもないように、安全管理のための継続的検査の励行や検査技術そ
のものの向上を期待したい。

4.3　水素とクリーンエネルギー

4.3.1　水素エネルギー

　現時点でのエネルギー需要の観点から考えれば、原子力発電の必要性
は、その危険性を少しだけ凌駕している状態であると思われる。しかし、
これに代わる大規模なクリーンなエネルギー源の探索が急務であること
は、何人も異存がないであろう。

　最近では、クリーンエネルギー源として、太陽電池や風力発電、地熱発
電等の開発が叫ばれている。ただし、これらの発電によって得られる総電
力量は、現代社会における電力の必要量の半分にも満たない。

　近未来における電力源として求められているクリーンエネルギー源は、
脱炭素つまり炭酸ガス発生を伴わず、さらに放射能災害の危険性が皆無で
あらねばならないであろうことは、言うまでもない。これに応えられるエ
ネルギー源として最近提唱されているのが、水素ガスを燃料とする大電力
創造と、電力貯蔵用の大電池の作成であろう。換言すれば、水素エネル
ギー社会を実現するためには、水素を作る、水素を貯蔵する、そして効果
的に使用してエネルギー資源＝電力にする必要があるということである。

4.3.2　水素ガスの創生

　これまで考えられ実現していた水素ガス製造の方法は、夜間の余剰電力
による水やメチルアルコール (CH_3OH) の電気分解である。ただし、メ
チルアルコールの場合には下記のように炭酸ガスが発生するので、脱炭素
の条件を満たさない。

　温度 220 ℃で次の化学式が知られており、その平衡定数 K_C は 14.5 で

ある。

$$CO(g) + 2H_2(g) \rightleftarrows CH_3OH(g)$$

ただし、

$$K_C = \frac{[CH_3OH]}{[CO][H_2]}$$

したがって、1 モルの CH_3OH を密封して 220 ℃にすると、1.506 モル
の水素ガスと 0.753 モルの一酸化炭素ガスが生成される。残りのガス状
の CH_3OH は 0.247 モルである。このようにして容易に水素ガスが得ら
れる。

　原料のメチアルコールの原料は、天然ガスつまり CH_4 である。もちろ
ん、天然ガスと水蒸気とを密封して加熱しても水素ガスは作れるはずであ
る。実際、この方式の燃料電池による実用化も目指されている。その化学
反応は、

$$CH_4 + 2H_2O \rightarrow CO_2 + 4H_2$$

である。

　近年、酸化物半導体（例えば $SrTiO_3$）に紫外線を照射して、その表面
の水を分解し、酸素ガス (O_2) と水素ガス (H_2) にする技術が確立されつ
つある。紫外線として太陽光を利用すれば、あとは収率だけが問題にな
る。我が国では、国立研究開発法人新エネルギー・産業技術総合開発機構
(NEDO) が中心となって、この技術開発を手がけている。

4.3.3　水素ガスの貯蔵

　原理的に、水素ガスの貯蔵としては 3 通りの方法が考えられる。第 1
は、液体水素にすることである。ただし、水素が常圧で液体として存在す
る温度は− 259.2 ℃であり、これまでのところロケット燃料として取り扱
われているだけで、一般社会での利用はかなり困難であろう。第 2 は、水
素ガスとして高圧ボンベに収容する方法である。ただし、不測の事態によ
る亀裂等に伴うボンベの暴発が起こり得るかも知れない。第 3 は、安全で

利用しやすいと考えられる、水素吸蔵合金（図4.2）による貯蔵である。

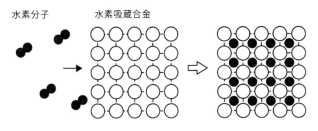

水素分子　　　　　水素吸蔵合金

図 4.2　水素吸蔵合金

　水素吸蔵合金の研究は、1960 年代に米国のオークリッジ国立研究所で始まった。現在、水素吸蔵合金（純金属を含む）として知られているのは、金属パラジウム (Pd)、マグネシウム (Mg) 合金、バナジウム (V) 合金、Ti-Fe 合金である。この中で金属パラジウムは、$PdH_{0.27}$ の組成まで多量の水素を吸蔵することで有名であるが、極めて高価であるため、実用化は困難である。

4.3.4　水素–酸素燃料電池

　蓄えられた水素を使用し、水素–酸素燃料電池 (H-O Fuel Cell, H-O FC) によって電力を創生することが、現在の課題である。最近、国内外の自動車メーカーによって、水素–酸素燃料電池を用いた試作車が紹介されるようになった。それらにおいては、燃料となる水素ガスを Ti-Fe 合金等の金属に吸蔵させる方式を採っている。この燃料電池部分の実物模型は、筆者の居住する新潟市内の県立科学博物館に展示されている。将来、市中に水素ガス供給ステーションができる日が来るのではないだろうか？

　通常、水素供給側は、負極活物質である金属水素化物や白金 (Pt)、白金合金 (Pt_3M)（M=Fe、Co、Ni 等）を用いて水素ガスをイオン化 (H^+) しやすいようにし、これを電解液、例えばアルカリ水溶液と接続する。正極活物質としては、ニッケルオキシ水酸化物 (NiO-OH)（放電により $Ni(OH)_2$ となる）を使用する。これが、初期の頃よく用いられたニッケ

ル–水素電池である。後には、水素ガスを収容する高圧容器に入れ、鉛蓄
電池と同様な働きをするようになった。

　最近、大容量電力創生のために工夫された燃料電池として著名なの
が、溶融炭酸塩型酸素–水素燃料電池である。これは、リチウム炭酸塩
(Li_2CO_3) とナトリウム炭酸塩 (Na_2CO_3) の混合体を約 650 ℃に加熱し、
陰極側に多孔質の Ni-Li 合金酸化物を用い、陽極側に、やはり多孔質の
Ni を電極として使用する。

4.3.5　電力貯蔵法

　では、得られた電力をどのようにして貯蔵するのであろうか。よく知ら
れた電力貯蔵法は、蓄電池に充電し、必要に応じてそこから電力を取り出
すものである。以下に、巨大電力量を貯蔵する蓄電池についての最近の状
況を述べる。

　現在主流の蓄電池は、鉛蓄電池、ニッケル–水素電池、リチウムイオン
電池、NAS 電池（ナトリウム・硫黄電池）の 4 つである。鉛蓄電池は、
現時点での自動車のバッテリーとして使用されている。ニッケル–水素電
池については、既に説明した。リチウムイオン電池は、正極にリチウム含
有金属酸化物、負極にグラファイト等の炭素材、電解液として有機溶媒等
を使用する。大電力貯蔵には適さないが、携帯用に適している。

　NAS 電池は、液体 Na と液体 S との間に、Na-β アルミナを挟んだ電
池である。液体 Na の Na 原子が Na^+ イオンと電子とに分離し、電子は
外線を通して液体 S 側に、Na^+ イオンは Na-β アルミナを通過して液体
S 側に到達することにより、放電する。充電はその逆である。大規模な電
力貯蔵が可能であるものの、材料である液体 Na は、水と激しく反応する
という危険性をもつ。したがって、安全性の観点から大電力発生つまり大
量の液体 Na の使用には進展しないであろう。

　ところで、これまでに何度か述べたが、1977 年 12 月から、イーストア
ングリア大学との共同研究ために、英国ノーリッチ市に滞在した。当時の
研究テーマは、液体 Na-Ga 合金の熱力学的性質の実験的研究であった。
具体的には、液体ガリウムと液体ナトリウムとの間に Na-β アルミナを挟
んだときに発生する起電力を測定することにより、液体 Na-Ga 合金の混

合の熱力学諸量を測定する、というものである。

　このときに用いた Na-β アルミナの制作は、名古屋に本社がある日本碍子にお願いした。それ以来数回、この Na-β アルミナ制作を同社に依頼したことで、私の研究グループは、数編の学術研究論文を出版することができた。同時に、日本碍子では、Na と硫黄 S とを用いて起電力を発生させるナトリウム–硫黄電池を発表するに至っている。

第**5**章

液体金属・合金の 物性的研究

5.1　はじめに

　既に述べたように、近代鉄鋼精錬の過程において、鉄鋼は液体状態を経過して固体・成型へと変換される。ほとんどの金属の精錬では、こうした液状化から固体成型へのプロセスを産業界が担っている。1950 年代後半には、鉄鋼精錬に際して、液体状態を統計力学的手法で解析する試みがなされていた。

　当時、近代社会に貢献しつつあった多くの半導体や合金の液体状態における化学結合性を解明するために、熱力学的性質である混合熱の実験的ならびに理論的解明が、科学者によって遂行されつつあった。社会のニーズに伴い、科学者の注目は、無機物質の巨視的性質の研究——例えば強度の温度依存性——に関する研究から、固体の微視的物性に関する研究に必然的に移行してきたのである。そして、これらの研究が一段落した1950 年代の終わりから、人々の関心は否応なく液体の物性へと向けられ始めた。

　このような段階を経て、液体金属・合金の物理的ならびに化学的性質に関する、実験的研究ならびに理論的研究（以降、これらを液体金属・合金の物性的研究と総称する）が、1960 年初頭から世界的に始まった。

　我が国では、東北大学金属材料研究所教授だった竹内栄の率いる研究グループが、電子物性（電気抵抗、磁化率、ホール係数等）、構造解析（X 線解析および中性子線解析）、熱分析（混合熱および比熱）等の実験的ならびに理論的解析を遂行していた。実は、筆者もこの研究グループの一員であった。また同じ頃、後の北海道大学学長になった丹羽貴知蔵のグループが、液体合金における原子間の化学的結合性を調べる目的で、混合熱の実験的ならびに理論的解明を行っていた。

　本章では、よく知られている液体金属の物性、ならびに、主として筆者のグループで 1980 年代以降に発見された興味深い液体金属・合金の物性について解説する。

5.2 よく知られている液体金属の物性

5.2.1 液体金属における構造研究

　液体金属の構造研究の始まりは、ギングリッチ–ヒートン (Gingrich–Heaton) の X 線回折実験による液体アルカリ金属の構造測定[1]であった。その後、多くの研究者が X 線および中性子線を用いて液体金属の構造測定に挑戦した。とくに、その集大成が現在、東北大学名誉教授の早稲田喜夫によってなされている[2]。

　液体金属に X 線を照射し、その反射強度を測定する模式図が図 5.1 である。入射する X 線は量子論的にいえば光量子（フォトン）であり、その運動量を k_i とする。そして 2θ 方向に散乱されるフォトンの運動量を k_f とする。そのとき、$q = (k_f - k_i)$ とおくと、その絶対値は $|q| = 2\pi \sin\theta/\lambda$ とおけることが知られている。ここで λ は入射 X 線の波長である。

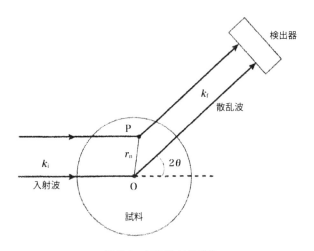

図 5.1　干渉性 X 線散乱

1　　N. S. Gingrich and Leroy Heaton, *J. chem. Phys.*, **34**(1961)873.

2　　Y. Waseda, *The Structure of Non-Crystalline Materials, Liquid and Amorphous Solids*, McGraw-Hill, New York, 1980.

　こうして検出器で観測される X 線の干渉の相対的強度（以降、これは構造因子と呼ばれ、S(q) と表示される）は、数学的処理の後、次式のようになる。

$$S(q) = 1 + \frac{N}{V} \int_0^\infty 4\pi r^2 \left\{ g\ (r) - 1 \right\} \left(\frac{\sin qr}{r} \right) dr$$

ここで g(r) は動径分布関数と呼ばれ、原点の散乱粒子（液体金属ではイオン）から半径 r の距離に存在する粒子の存在確率を表している。

　典型的な液体の構造因子および動径分布関数を図 5.2 および 5.3 に示す。

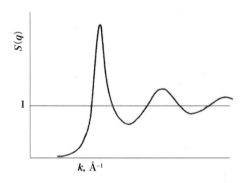

図 5.2　典型的な液体の構造因子 S(q)

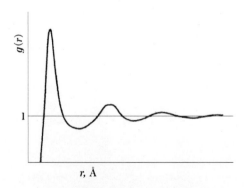

図 5.3　典型的な液体の動径分布関数 g(r)

5.2.2 液体金属におけるホール係数

　液体金属において、構成金属原子はイオンと伝導電子に分けて考えることができるであろう。直感的に推定されることは、電気伝導に寄与する電子は構成金属原子の価電子であろう、ということである。ホール係数測定は、そのことを証明する直接的実験である。

　縦方向の電場 E_x をかけた薄い板状の液体金属（実際には石英ガラスを加工して薄い板状態を作成する）の垂直方向に磁場 H をかけると、薄板の横方向に E_y なる電場が発生する。このとき、ホール係数 R_H は次のように定義される。

$$R_H = \frac{E_y}{j_x H}$$

ここで j_x は x 方向に流れる電流密度である。試料の液体金属中の伝導に関与する電子を自由電子とし、その数密度を n とおくとき、

$$R_H = -\frac{1}{nec}$$

となることが知られている。ここで c は光の速度である。

　液体金属におけるホール係数の測定は多くの研究者によって測定されている。表 5.1 で示すように、フェーバー (Faber) が $nec R_H$ の値をまとめているが、そのほとんどは 1 であり、価電子が自由電子となっていることを示している[3]。

3　T. E. Faber, *An Introduction to the Theory of Liquid Metals*, Cambridge Univ. Press, 1972.

表 5.1　液体金属におけるホール係数

Metal	z	$nec R_H$
Na	1	0.99, 0.98
Cu	1	1.00
Ag	1	1.02, 1.97
Au	1	1.00
Zn	2	1.01, 1.01, 1.00, 1.00
Cd	2	0.99, 0.98, 0.96, 1.04
Hg	2	0.99, 0.98, 1.00, 1.00, 1.00, 0.98, 0.96, 1.20, 1.22
Al	3	1.00
Ga	3	0.97, 0.99, 1.00, 1.04
In	3	0.93, 1.00, 0.98, 1.04, 0.95, 0.80
Tl	3	0.96, 0.76
Ge	4	1.00
Sn	4	1.00, 1.00, 1.00, 1.00, 0.98, 1.07
Pb	4	0.88, 0.88, 0.88, 0.73, 0.38
Sb	5	0.92, 1.14
Bi	5	0.95, 0.95, 0.69, 0.60

5.2.3　液体金属・合金の電気抵抗

　1936 年に刊行されたモット–ジョーンズ (Mott – Jones) の著作[4]に、液体金属の電気抵抗に関する実験データが紹介されている。また、液体金属の電子物性研究として、1961 年にザイマン (Ziman) が液体金属の電気抵抗の理論[5]、1962 年に竹内–遠藤が液体金属の電気抵抗の理論ならびに実験的研究[6]を立て続けに発表した。

　ザイマンと竹内–遠藤とは、お互いにまったく知己をもたなかったにもかかわらず、同一のテーマを同一の時期に、微視論的に解明したことは極めて興味深いことであった。

　その後 1970 年に、バチア–ソーントン (Bhatia – Thornton) が液体合金の電気抵抗における構成イオン分布の構造的局面に関する論文[7]の中

4　N. F. Mott and H. Jones, *The theory of the properties of metals and alloys*, Oxford, 1936.

5　J. M. Ziman, *Phil. Mag.* **6** (1961) 1013.

6　竹内栄，遠藤裕久，『日本金属学会誌』，**26** (1962), 148, 152, 504.; S. Takeuchi and H. Endo, *Trans JIM*, **2**(1961) 188, 189.

7　A. B. Bhatia and D. E. Thornton, *Physical Review B*, **2**(1970)3004-3012.

で、竹内-遠藤理論におけるアイデアの斬新性を評価し、それが自分たちの手法に近いことを示唆している。

以下ではザイマン理論の結果だけを紹介する。

液体金属の電気抵抗理論（ザイマン理論）

液体金属の電気抵抗を論じたザイマン理論においては、ほぼ自由な伝道電子（Nearly Free Electron approximation、NFE 近似）が不規則な分布をなす構成イオンによって、どのように散乱されるかを調べたものである。

液体金属の電気抵抗 ρ は伝導度 σ の逆数であり、最終的に ρ は次式で与えられる。

$$\rho = \frac{3\pi m}{\hbar^3 e^2 k_f{}^2} \frac{N}{V_M} \int_0^1 S(q) |U(q)|^2 \cdot 4 \left(\frac{q}{2k_f}\right)^3 \cdot d\frac{q}{2k_f}$$

ここで m は電子の質量であり、また k_f は $k_f = (3\pi^2 n)^{1/3}$ （n=N/V_M; N、V_M は 1 モルの金属原子数および体積である）。上式の導出についての難しい話は別として、特記したいことは、イオンの空間的分布を示す構造因子 $S(q)$ が含まれているということである。したがって、液体金属の電気抵抗の理論値を求めるためには、実験的に測定された構造因子の情報が必要不可欠であることを強調しておきたい。

このザイマン理論の画期的成功に刺激されて、多くの研究者が液体金属・合金の電気抵抗測定に従事した。とくにスイスのブッシュ-ギュンテロート (Busch - Güntherodt) 等の活躍は目覚ましかった[8]。

5.2.4　その他の液体金属の物性

上記に述べた物性以外にも多くの研究がなされている。すなわち、熱電能、磁化率、磁気共鳴等々が挙げられよう。しかしこれらの物性測定量はとくに液体金属特有の興味深い物理量というわけではないので、省略する。

8　　G.Busch & H-J. Güntherodt, *Phys. kond. Mat.* **6**(1967)325, 410, 510, 516. ; *Phys. Letters*, **27A**(1968) 110, 等々。

5.3 興味深い液体金属・合金の物性

　本節では、主として筆者のグループで 1980 年代以降に発見された興味深い液体金属・合金の物性について解説する[9]。

5.3.1 液体金属における価電子の空間的分布

　X 線回折による種々の液体金属構造測定が集大成されていたころ、我々はそれらの結果を確証するために、日本原子力研究所の JRR3 に設置されていた東京大学物性研究所の共同利用施設を用いて、多くの液体金属の中性子線回折を遂行した。

　すると、図 5.4(a)〜(c) で示すように、中性子線回折によって得られた Zn、Pb、Bi 等の構造因子 S(q) が、早稲田の測定した X 線回折による構造因子と微妙に異なることが見出された。

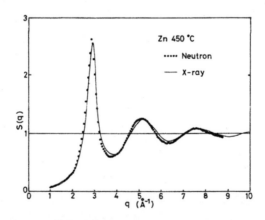

図 5.4(a)　　中性子線回折によって得られた Zn の構造因子 S(q)

9　　田巻繁、『日本物理学会誌』, **51**(1996)903-907. ; S. Tamaki, Phase Transition in Liquids(Invited Review), *Phase Transions*, **66**(1997)167-257.

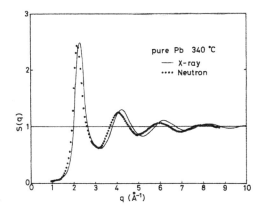

図 5.4(b)　　中性子線回折によって得られた Pb の構造因子 S(q)

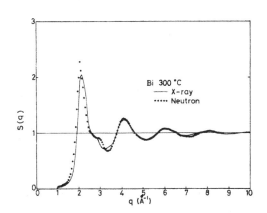

図 5.4(c)　　中性子線回折によって得られた Bi の構造因子 S(q)

　これは、当時では世界で初めて発見された実験的相違であった。両者の相違は以下のことから理解される。

　X 線回折の場合、液体金属において散乱を受けるのは、イオンと自由に動く価電子である。したがって、次の3種類の構造因子が存在する。

①ある1個のイオンと他のイオンとの干渉に伴う散乱によって得られる構造因子。通常 $S_{ii}(q)$ と書かれる。

105

②1 個のイオン− 1 個の価電子間の干渉性散乱。$S_{ie}(q)$ と書かれる。

③価電子間の干渉性散乱。$S_{ee}(q)$ と書かれる。

　一方、中性子線回折の場合、入射中性子線はイオンの中心部の原子核によって散乱されるだけであるから、構造因子は $S_{ii}(q)$ に等しい。当時、幸いにも図 5.5 で示すように、内海−市丸 [10]によって、$S_{ee}(q)$ の値が導出されていた。

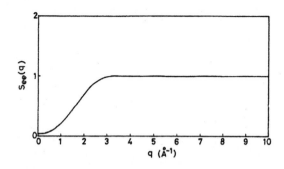

図 5.5　内海−市丸によって導出された　$S_{ee}(q)$ の値

　これを用いることにより $S_{ie}(q)$ が得られ、そのフーリエ変換からイオンの周りの価電子の分布状態を示す情報 $g_{ie}(r)$ が得られた。液体亜鉛と液体鉛の結果を図 5.6(a)、(b) に示す。

10　K. Utsumi and S. Ichimaru, *Phys. Rev. B*, **22**(1980) 5203.

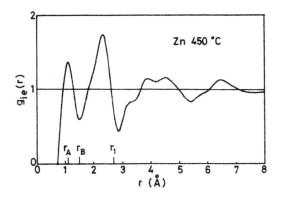

図 5.6(a)　　液体亜鉛の $g_{ie}(r)$

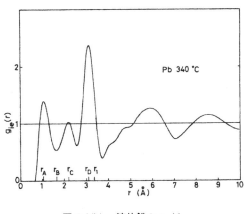

図 5.6(b)　　液体鉛の $g_{ie}(r)$

これを空間的に表示したものが図 5.7(a)、(b) である。

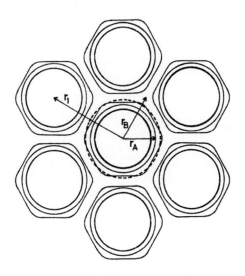

図 5.7(a)　　液体亜鉛の $g_{ie}(r)$ の空間的表示

図 5.7(b)　　液体鉛の $g_{ie}(r)$ の空間的表示

5.3.2　液体合金における濃度ゆらぎ

1980 年にバチア−ソーントン [11] は、液体合金系に対して密度ゆらぎと濃度ゆらぎに関する統計力学的議論を展開した。

液体 A-B 合金が体積 V 中において、N_A 個および N_B 個存在する場合を考える。（空間的）場所によって密度や濃度にゆらぎ ΔN_A および ΔN_B が存在する。すなわち、

$$N_A = \langle N_A \rangle + \Delta N_A$$

$$N_B = \langle N_B \rangle + \Delta N_B$$

$$N = N_A + N_B$$

$\langle N_A \rangle$ は金属 A の平均値である。

ここで $N_A/N = c$ とおくと、c は金属 A の濃度ということになる。濃度 c のゆらぎ Δc を次のように定義する。

$$\Delta c = \frac{(1-c)\,\Delta N_A - c\Delta N_B}{N}$$

統計力学を用いて計算すると、この濃度のゆらぎの二乗平均は、

$$\left\langle (\Delta c)^2 \right\rangle = \frac{\langle N \rangle\, k_B T}{(\partial_2 G / \partial c_2)_{P,T,V}}$$

となる。ここで $S_{cc}(0) \equiv \langle N \rangle \langle (\Delta c)^2 \rangle$ と定義し、これを濃度ゆらぎの長波長極限値という。

我々は液体 Na と液体 Na 合金とを Na-β アルミナを介在にして電池を作成し、その起電力 E(EMF) から多くの液体 Na 合金系の $S_{cc}(0, c, T)$ を測定した[12]。

11　A.B.Bhatia and D. E. Thornton, *Phys. Rev. B*, **2**(1979) 3004.

12　S. Tamaki, Canad. *J. Phys.* **65**(1987) 286; in Special Issue dedicated to the memory of Avadh B. Bhatia.

　液体 Na-M 合金（M は任意の金属）における濃度ゆらぎ $S_{cc}(0, c, T)$ は測定される起電力 E との間に次式のような関係があるので、E を測定すれば、$S_{cc}(0, c, T)$ が得られる。

$$S_{cc}(0, c, T) = -\frac{(RT/zF)(1-c)}{(\partial E/\partial c)_{p,T}}$$

ここで R はガス定数、z は金属 M の価電子数、F はファラデー定数である。

　図 5.8(a)、(b) に液体 Na-Tl と液体 Na-Pb の $S_{cc}(0, c, T)$ の結果を示す。

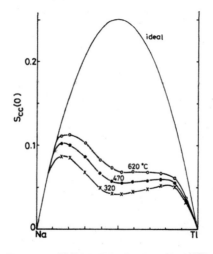

図 5.8(a)　液体 Na-Tl の $S_{cc}(0, c, T)$ の結果

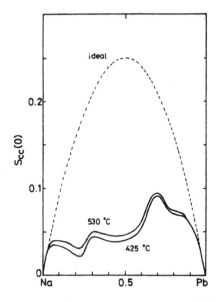

図 5.8(b)　液体 Na-Pb の $S_{cc}(0, c, T)$ の結果

　もし、合金系内部のいたるところの微小部分が同一の濃度ゆらぎをもつならば、$S_{cc}(0, c, T)=c(1-c)$ となる。しかし、図から分かるように、液体 Na-Tl の場合には濃度が 50 %のところで $S_{cc}(0, c, T)$ が極小値をとり、その濃度で濃度ゆらぎの減衰を発生させる化合物形成を示唆している。

5.3.3　液体状態における相転移

　固体の金属では温度の上昇によって、その結晶格子が変化する。これを相転移とか相変態という。なぜ、温度変化に伴って相転移が起こるかについての熱力学的議論としては、対象となる系のギブスの自由エネルギーの温度変化の詳細が求められている。

　例えば、純鉄は常温では体心立方格子を形成しているが、911 ℃以上では面心立方格子となる。それでは液体物質内では、温度の上昇とともにこのような相転移は存在するのであろうか？

　液体テルルは半金属とか ill-conditioned liquid metal（悪い条件下の

111

液体金属）とも呼ばれ、我々を含む多くの研究者の研究対象となってい
た。液体テルルの電気抵抗を図 5.9 に示す。

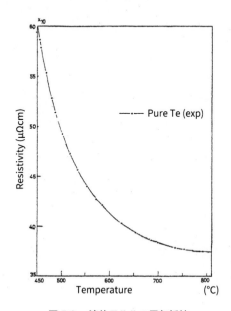

図 5.9　液体テルルの電気抵抗

　通常の液体金属では、温度の上昇とともに伝導性がよくなるため、電気
抵抗は下降する。それにもかかわらず、液体テルルでは温度の上昇ととも
に減少し、800 ℃以上では極小値を経てわずかながら上昇する。すなわ
ち、この温度以上では完全に金属化し、それ以下の温度では半導体的な振
る舞いをしていることになる。
　我々のグループでは、種々の温度における中性子回折実験から構造因子
を導出して解析した。その結果、融点直上では配位数（1 個の回折粒子の
まわりに存在する平均粒子数）がおよそ 2 個であったものが、高温になる
と 3 個となることを見出した。つまり、Te-Te 間の結合の手が温度上昇と
ともに変化することを示唆している。換言すれば、半導体的結合では配位
数が 2 個だったのに対し、金属的結合によって配位数が増加することを意

味している。

5.3.4 液体金属における金属−非金属転移

　金属と非金属物質の混合系も液体状態であれば、高温にすることによっ
て一相の状態となる。このような系で電気伝導度つまり電気抵抗の逆数値
はどのような変化をするであろうか。

　我々は、金属タリウム (Tl) と非金属セレン (Se) の混合系についても、
液体状態では一相の状態を得ることができた。この系に対してイオンと伝
導電子の電気伝導度の同時測定を遂行した。以下のとおりである。

　通常の液体金属合金では、系のイオン伝導度は電子伝導度に比して 6
桁ほど小さい。ところが、液体 Tl_x-$Se_{(1-x)}$(x=0.68〜0.21) 系では、log
σ_e(Ω^{-1} cm^{-1}) が 1.4〜0 であるのに対し、log σ_i(Ω^{-1} cm^{-1}) は −0.4〜−2.6
であり、2〜3 桁の相違が見られる。これらの組成変化は図 5.10 のように
なる。

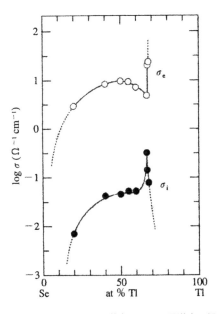

図 5.10　液体 Tl-Se 系の電子電導度とイオン電導度の組成依存性

　この図は極めて興味深い結果を示している。まず第 1 の点は、電子伝導を示す σ_e は金属 Tl から $Tl_{2-\delta}Se$（δ は微少な組成変化）までは極めて良い伝導性を示す。しかし、Tl_2Se の組成に近づくにつれ、σ_e が垂直に落ちている。これは金属-非金属転移に伴う電子伝導度変化の典型である。Tl_2Se の組成よりも Se 側では電子伝導がホッピング型、つまり移動する電子が Tl イオンの近傍だけをピョンピョンと跳びながら移動するのであろう。

　第 2 の点は、イオン伝導度 σ_i が $Tl_{2-\delta}Se$ から Tl_2Se の組成になるにつれてその値が 2 桁ほど上昇し、非金属相に転移した組成領域で再び減少することである。このことは外部電場によるイオンの輸送が、反対方向に流れる電子電流によって妨害される、いわば金属液体中にイオンダイナミックスに寄与する電子-イオン相互作用の効果といえる。

　この現象の直観的な描像としては次のように考えればよい。すなわち、金属相から非金属相へ組成が変化するにつれて伝導電子数は一挙に数桁も減少する。それに伴って伝導電子流がイオンに衝突（実際にはそのイオンのポテンシャルによる散乱であるが）する回数も激減するため、見掛け上イオンの流れ方、すなわち σ_i は急激に上昇する。

5.3.5　逆モンテカルロシミュレーション

　1988 年、英国のマックグレーヴィ (McGreevy) と彼の共同研究者が、計算機シミュレーションによって液体粒子（原子やイオン）の 3 次元的構造の導出を提案した。

　これまでに述べたように、液体における構造因子 S(q) は 1 次元的な情報である。マックグレーヴィらは、逆モンテカルロシミュレーション (Reverse Monte Carlo Simulation: RMC) という方法を用いて、測定した S(q) もしくは g(r) を再現するような 3 次元的構造を提案した。

　我が国で始めて RMC を導入したのは我々のグループであった。温度の上昇とともに、非金属状態から金属状態への転移 (Non-metallic to Metallic Transition) が存在する液体 Te の構造因子に対して RMC を適

用し、Te イオンの 3 次元的構造を明らかにした[13]。

以下に RMC の手順の概略を述べよう。

1. 一辺の長さが L の立方体の中に、N 個の粒子をはじめは周期的に配置する。液体の粒子密度 n に等しいように、$n=N/L^3$ である。

2. この系の動径分関数 $g^{calc}(r)$ が計算される。測定された動径分布関数 $g^{exp}(r)$ と書く。粒子間に番号をつけ、一般的に i とすると、$g^{calc}(r_i)$ と $g^{exp}(r_i)$ と置けるが、その差の自乗の和、$d=\Sigma_i \{g^{exp}(r_i)-g^{calc}(r_i)\}^2$ を d とおく。

3. 系のある任意の粒子を適当に動かすと、計算される動径分布関数は変化する。これを $g_{new}^{calc}(r)$、対応する上記の自乗の和を d_{new} とおき、その計算を実行する。

4. 他の粒子も適当に動かしても、$d_{new} < d_{old}$ の条件であるかぎり、採用する。

5. このような手順を計算機で実行し続けると、d_{new} が限りなく小さくなったときの粒子の空間的分布は、実際の液体内粒子の空間的分布に近い構造となる。

$g^{calc}(r)$ の代わりに $S^{calc}(q)$ を用いてもよい。例えば、RMC を用いて、液体 $Pb_{0.5}Te_{0.5}$ の 3 次元空間配置を得るためには、実験データとして部分構造因子 $S_{Pb-Pb}(q)$、$S_{Pb-Te}(q)$、$S_{Te-Te}(q)$ を用いて RMC を行うのが適切である。具体的なモデルとしては、一辺が 5.621 nm の立方体に、実験で得られた数密度と一致するように Pb、Te をそれぞれ 2312 個をランダムに配置する。この粒子を少しずつ変位させて部分構造因子を計算し、実験で得られた部分構造因子と実験誤差の範囲内で一致するまで粒子を動かして、3 次元粒子配置を決定する。この RMC によって得られた 3 次元粒子配置より、2 体分布関数や粒子の角度分布などを算出し、これらの情報から液体 $Pb_{0.5}Te_{0.5}$ における粒子間の化学結合について検討することが可能となった。

---

13 K. Maruyama, S. Tamaki, S. Takeda and M. Inui, *J. Phys. Soc. Japan*, **62**(1993) 4287.

近年、X 線や中性子線回折に得られる液体金属・合金の構造解析には、RMC の適用が必然化されている。

5.4　おわりに

液体金属の物性に関する研究についての関心が高まり、第 1 回液体金属国際会議が 1966 年、米国のブルックヘブン (Brookhaven) で開催された。主催者は、当時英国イーストアングリア大学の N. E. Cusack であった。第 2 回は 1972 年に東京で開かれた。その主催者は当時東北大学金属材料研究所の竹内栄であった。その後、非晶質金属分野も加わり、現在では国際液体ならびに非晶質金属国際会議となり、現在も継続進行中である。

本章の冒頭でも述べたが、筆者は 1959 年から竹内栄のグループに 9 ヵ年近く在籍していた。またイーストアングリア大学の Cusack 教授の招聘を受け、これまでに 5 ヵ年余り客員研究員や客員教授として滞在している。また、国際会議の諮問委員会委員として十数年間参加していた。

現在、我が国における液体金属研究は、日本物理学会における一分野として活躍し続けていることをお知らせして、この小論を終わりにします。

索引

N

NAS 電池 94

あ

亜鉛 69
アモルファス 82
アルミニウム 64
色 55
ヴィーデマン−フランツ比 39
ウーツ鋼 21
ウラン 235 88
液体金属 98
液体ナトリウム 89
延性 46
鉛毒 61
エントロピー 43

か

ガリウム 78, 79
貴金属 39
軌道 33
ギブスの自由エネルギー 44
凝集エネルギー 34
共晶系合金 74
金 14, 47, 67, 69
銀 14, 67, 69
金相学 30
金属間化合物 75
金属の圧縮率 42
傾斜機能合金 83
形状記憶合金 80
結晶 36
原子力 88
合金 72
工具鋼 25
格子欠陥 41
高炉 22
コークス 21
固溶体 73

さ

ザイマン理論 103
錆 48
時効 65
磁石 77
自由電子 35
状態図 74
触媒 68

侵入型固溶体 73
水銀 61, 77
水素エネルギー 91
水素吸蔵合金 81, 93
水素−酸素燃料電池 93
水素脆性 82
錫ペスト 43, 45
青銅器 12
銑鉄 25
全率固溶体系合金 74
相転移 42

た

ダイアモンド構造 33
体心立方格子 33, 37
たたら吹き 27
ダマスク鋼 29
鍛鉄 26
置換型固溶体 73
蓄電池 94
チタン 79
鋳鉄 75
稠密六方格子 37
超伝導 86
デスロケーション 46, 47
鉄器 11
鉄合金 75
鉄の製錬 23
鉄分 60
デリーの鉄柱 51
テルミット反応 66
展性 46
転炉 26
銅 66
銅器 11
特殊鋼 29
トタン 54

な

鉛 70
ニッケル−水素電池 94

は

鋼 17, 24, 75
パドル法 26
ハルシュタット 19
反射炉 26
光の三原色 57
ヒッタイト王国 16
フェルミエネルギー 35
普通鋼 25
プラチナ 68
ブリキ 54
ホール係数 101

防食 54

ま

マガダ王国 21
マグネシウム–アルミニウム合金 65
メッキ 70
面心立方格子 37

ら

錬鉄 23
ローマ帝国 14, 20
ロジウム 68

著者紹介

田巻 繁 (たまき しげる)

1956年	新潟大学理学部化学科 卒業
1959年	東北大学大学院理学研究科修士課程物理学専攻 中退
	同年,東北大学金属材料研究所 助手
1968年	新潟大学理学部物理学科 助教授
1969年	理学博士(東北大学)
1970年9月から2年間	英国イーストアングリア大学 上級客員研究員
1977年	新潟大学理学部 教授
1977年12月から1年間	英国イーストアングリア大学 客員教授
1998年	新潟大学停年退職 新潟大学名誉教授
2019年	瑞宝中綬章 受章

著書・翻訳

『イオン結晶:格子欠陥と不定比』, グリーンウッド (著), 佐藤経郎・田巻 繁 (訳), 培風館, 1974.

『溶融塩の物性』, アグネ技術センター, 2013.

『水・水溶液系の物性』(共著), 近代科学社Digital, 2020.

◎本書スタッフ

編集長:石井 沙知

編集:石井 沙知・山根 加那子

図表製作協力:菊池 周二

表紙デザイン:tplot.inc 中沢 岳志

技術開発・システム支援:インプレスR&D NextPublishing センター

●本書の内容についてのお問い合わせ先

近代科学社Digital　メール窓口

kdd-info@kindaikagaku.co.jp

件名に『『本書名』問い合わせ係」と明記してお送りください。

電話やFAX、郵便でのご質問にはお答えできません。返信までには、しばらくお時間をいただく場合があります。なお、本書の範囲を超えるご質問にはお答えしかねますので、あらかじめご了承ください。

金属とは
科学と文化の視点から

2021年11月26日　初版発行Ver.1.0

著　者　田巻 繁
発行人　大塚 浩昭
発　行　近代科学社Digital
販　売　株式会社 近代科学社
　　　　〒101-0051
　　　　東京都千代田区神田神保町1丁目105番地
　　　　https://www.kindaikagaku.co.jp

印刷・製本　京葉流通倉庫株式会社
Printed in Japan

ISBN978-4-7649-6026-8

近代科学社 Digital は、株式会社近代科学社が推進する21世紀型の理工系出版レーベルです。デジタルパワーを積極活用することで、オンデマンド型のスピーディで持続可能な出版モデルを提案します。

近代科学社Digitalは株式会社インプレスR&Dのデジタルファースト出版プラットフォーム"NextPublishing"との協業で実現しています。